DAS LEBEN UND DIE LIEDER DES TROBADORS PEIRE ROGIER

BEARBEITET

VON

CARL APPEL.

BERLIN
DRUCK UND VERLAG VON G. REIMER
1882.

HERRN GEHEIMRATH PROF. C. R. LEPSIUS

IN VEREHRUNG UND DANKBARKEIT

GEWIDMET.

Die vorliegende Arbeit versucht was uns vom Leben Peire Rogier's, eines provenzalischen Trobadors aus dem zwölften Jahrhundert, überliefert wird zu sammeln und seine Lieder auf Grund des gesammten handschriftlichen Materials wieder herzustellen. Ich darf sagen des gesammten Materials, denn die einzige Handschrift, welche mir unzugänglich blieb, — der auf Papier geschriebene Theil des modeneser Manuscripts — ist an Werth den anderen so untergeordnet, dass man sie gefahrlos unberücksichtigt lassen darf.

Dass es mir gelungen ist das Material meiner Arbeit so vollständig zu erhalten, habe ich der Freundlichkeit nicht weniger Gelehrter zu verdanken, die theils durch Anfertigung, theils durch Besorgung von Abschriften mir zu dem in Paris liegenden und dort von mir kopirten Stoff den sonst weithin verstreuten sammeln halfen. Ihnen allen sei mir gestattet hier den wärmsten Dank auszusprechen. Zuerst von ihnen habe ich die Herren in Italien, Prof. E. Monaci, Prof. Pio Rajna und Dr. Guido Biagi zu nennen, die mich mit nicht geringen Opfern an Zeit so freundlich unterstützten. Sodann gebührt den Herren Prof. Bartsch in Heidelberg, Dr. Jos. Haupt in Wien, Prof. Mahn in Steglitz, Dr. A. Napier in Berlin und Prof. E. Stengel in Marburg mein Dank. Mehr als allen anderen aber schulde ich ihn meinem hochverehrten Lehrer, Herrn Prof. Adolf Tobler, dessen freundlicher Rath mir, wo ich auch seiner bedurfte, zu Theil wurde, und dessen Hilfe mir bei so mancher schwierigen Stelle erst das richtige Verständniss eröffnete.

Keines der überlieferten Gedichte meines Trobadors erscheint hier zum ersten Mal im Druck; dasjenige welches mir noch geblieben war: *Dous' amiga non puesc mais* wurde während der Vorbereitungen zu dieser Ausgabe von Chabaneau in der Revue des langues romanes veröffentlicht, die anderen sind bis auf eins schon von Raynouard mitgetheilt, dies eine — No. 4 — nach zwei Handschriften von Mahn in den Gedichten. Die nicht zu weite Entfernung der Ueberlieferungen von einander und Raynouard's glückliche Auswahl derselben für seine Publikationen brachte mit sich, dass die Texte von mir in nicht wesentlich veränderter Gestalt gebracht werden, so dass das Ergebniss dieser Arbeit nur mehr in der Beibringung des nicht kleinen Materials und in der so ermöglichten Prüfung und Sicherung des Bekannten als in der Mittheilung von Neuem bestehen konnte.

Nicht besser als mit den Liedern erging es mit der Biographie des Dichters. Zur Grundlage derselben, dem provenzalischen Text, hat noch Niemand, der sich mit ihr beschäftigte, wesentlich Neues hinzuzubringen vermocht, ausgenommen Nostradamus, welcher (p. 202—204) unter Berufung auf Sainct Cezari und auf den Mönch Des Isles d'Or freilich mancherlei, doch offenbar Unrichtiges oder wenigstens bunt Zusammengewürfeltes zu erzählen weiss.

Die provenzalische Lebensbeschreibung ist schon lange bekannt. Die Italiener Mario Equicola, Vellutello, Gesualdo stützen sich darauf; Crescimbeni und Nostradamus benutzten sie; auch Bastero kannte jedenfalls den Text. Ausführlicher als die Genannten, aber nicht sehr vorsichtig ist Millot, der seinerseits neben dem provenzalischen Bericht der histoire littéraire zur Grundlage gedient hat. Das Beste bringt natürlich Diez und Neues im Vergleich zu ihm wird man auch in dieser Arbeit wenig finden; wohl hat es der Verfasser nicht an Mühe fehlen lassen aus weltlichen und geistlichen Quellen mehr über das Leben seines Dichters zu erfahren, es lag in den Verhältnissen, dass sein Suchen vergeblich blieb.

Dem Mahnen der Rezensenten früherer ähnlicher Arbeiten bin ich in Beziehung auf einen Punkt gefolgt; ich habe die alphabetische Reihenfolge der Lieder aufgegeben, freilich nur um diese Methode durch eine noch angreifbarere zu ersetzen. Man findet was ihr zur Begründung dienen kann in der Anmerkung auf p. 8. Wäre es mir möglich erschienen bei der Numerirung der Lieder von Bartsch zu bleiben[1]), so hätte ich nicht gezögert es zu thun, trotz des Einspruchs, den Bartsch selbst gegen die — ich gestehe es gern zu — unwissenschaftliche alphabetische Ordnung erhebt. Die Unmöglichkeit einer unanfechtbaren historischen Anordnung und der praktische Vortheil eine in Citaten verbreitete Numerirung beizubehalten wäre mir ein genügendes Gegengewicht gegen die Unwissenschaftlichkeit gewesen. Ich glaube aber Bartsch's No. 2 aus Peire's Gedichten ausscheiden zu müssen; jene Numerirung war durchbrochen und ich schloss mich nun den Handschriften an, welche unverkennbar eine systematische Anordnung versucht haben. Ich that es im Bewusstsein keine schwere Verantwortung dafür tragen zu müssen; die Reihenfolge der Lieder thut in Ausgaben dieser Art wenig zur Sache, jede nicht historische ist unwissenschaftlich, eine nach poetischer Form nicht viel minder als eine nach dem Alphabet, die gewählte hat wenigstens die Möglichkeit historischer Berechtigung für sich.

In einem anderen Punkt bin ich den Rezensenten nicht gefolgt. Auch ich habe den Liedern meines Trobadors die angehängt, welche ihm nur von einigen Handschriften oder nur von einer zugeschrieben werden. Erscheinen diese Gedichte später in Publikationen von den Trobadors, denen sie zugehören, dann wird freilich die Veröffentlichung hier überflüssig sein; bis zu diesem — für manchen Sänger gewiss noch recht fernliegenden — Zeitpunkt aber hoffe ich, wird die gegenwärtige Mittheilung nicht unwillkommen sein; und will man nicht nach dem von mir befolgten Prinzip verfahren, wo wird denn einmal ein Gedicht wie No. VII dieser Arbeit seinen Platz finden?

Für die Orthographie habe ich zu bemerken, dass ich überall da wo C zur Verfügung stand dessen Schreibweise als die dem modernen Verlangen nach Stätigkeit am meisten entgegenkommende zu Grunde gelegt habe. In den wenigen Fällen, wo dies nicht war, findet man die betreffende Angabe in den Vorbemerkungen zu den einzelnen Liedern.

---

[1]) Ich bemerke, dass ich in der Benennung der Handschriften, wie in der Zählung der Trobadors und ihrer Lieder Bartsch's Grundriss folge; eine Ausnahme macht nur Marcabrun, für den ich Suchier's Correcturen (Jahrb. XIV, p. 132ff.), und Guilhem Figueira, für den ich die Reihenfolge in E. Levy's Monographie über diesen Trobador angenommen habe.

Von orthographischen Varianten sind nur die allerwesentlichsten angeführt; dass ich in der Mittheilung von Varianten weitergegangen bin als nöthig gewesen wäre, denke ich, wird in einer Erstlingsarbeit keinen grossen Vorwurf verdienen.

Die Anmerkungen wollen nicht mehr sein als einige Male Begründungen oder Erklärungen von Lesarten meines Textes, andere Male Mittheilungen gelegentlich bei der Lecture genommener Notizen, die mithin Vollständigkeit keineswegs beanspruchen.

Es entspricht

Bartsch Grundriss	356, 1	meiner No.	1
	2	- -	9
	3	- -	7
	4	- -	6
	5	- -	4
	6	- -	3
	7	- -	8
	8	- -	2
	9	- -	5
	9, 11	- -	I
	32, 1	- -	II
	70, 11	- -	III
	225, 11	- -	IV
	323, 1	- -	V
	375, 12	- -	VI
	389, 34	- -	8A
	392, 8	- -	VII

Als Peire d'Alvernhe „bei Spiel und Lachen" unternahm ein Schmählied auf seine Kunstgenossen zu verfassen, verschonte er auch die berühmtesten von ihnen nicht. Guiraut von Bornelh und Bernart von Ventadorn sind gleich unter den ersten, die sein Tadel trifft. Diesen beiden voran aber stellt er noch einen, der ihnen weder an Zahl der überlieferten Gedichte noch auch an Ruhm bei weitem gleichkommt. Und doch müssen wir glauben, dass Peire nicht mit einem unbedeutenden Zeitgenossen die Reihe habe eröffnen wollen. Peire Rogier's Stellung in diesem merkwürdigen Gedicht ist hinreichend unsere Aufmerksamkeit auf seine Lebensschicksale und seine Werke zu lenken.

I.

Wer sein Interesse einmal der provenzalischen Literatur zugewandt hat, weiss, wie spärlich und wie unklar uns die Quellen fliessen, aus denen wir Kenntniss über die Lebensschicksale provenzalischer Dichter schöpfen; es sei denn, dass nicht literarisches Verdienst allein, sondern ausgezeichnete Geburt und Eingreifen in die Geschichte ihrer Zeit sie aus der Zahl der Mitlebenden heraushebe. Nicht schlechter als den meisten, doch nicht so gut wie manchem der Kunstgenossen stehen wir Peire Rogier gegenüber. Zwar besitzen wir seine Biographie in ähnlicher Gestalt wie die vieler andrer Trobadors, aber ist sie vielleicht etwas länger als der

Durchschnitt jener Lebensberichte, sie erzählt uns wenig genug. Und man hat gelernt, diesen Biographien von vornherein mit einigem Misstrauen entgegenzutreten; in den einen hat man Novellen erkannt, deren Inhalt von fremden, vielleicht von nie gewesenen Helden auf diese allbekannten Namen übertragen wurde, von anderen hat man gesehen, wie sie erst aus den Liedern der Trobadors selbst gestaltet wurden, so dass sie geschichtlich ganz werthlos für uns sind. So ist eine jede erst auf ihre Zuverlässigkeit zu prüfen.

Der Verdacht, dass die Biographie unseres Dichters zu dieser zweiten Klasse gehört, liegt nicht ganz fern. Er gründet sich auf das, was der Biograph von der Entstehung des Gedichts *Senh'en Raymbaut per uezer* erzählt. Er sagt, dass der Dichter und seine Dame in den Verdacht eines ernsthaften, die Grenzen des conventionell erlaubten überschreitenden Liebesverhältnisses gekommen seien, dass sie ihn deshalb entlassen habe „*und er ging davon, traurig und in Sorge und voller Betrübniss, zu Herrn Raymbaut von Orange, so wie er im Sirventes, welches er mit Bezug auf ihn dichtete, aussprach, welches lautet:*“, und nun folgt der erste Vers des Liedes.

„Wenn, sagt Diez mit Recht[1]), dies uns erhaltene Gedicht hier die einzige Quelle des Biographen war, so ist die Angabe grundlos: das Sirventes erwähnt nur eines gelegentlichen Besuches, welchen Peire dem zu seiner Zeit berühmten Grafen abstattete; der Dichter erklärt die Reise nur gemacht zu haben, um die Lebensart des Grafen kennen zu lernen, er fragt ihn nach seinem Treiben, um zu Hause davon erzählen zu können, und wiederholt am Schluss, er werde sogleich abreisen, sobald er nur Antwort habe.“

Treten wir nun aber auch misstrauisch an die Biographie heran, wir erkennen in ihr doch so vieles, was ihr Verfasser keinem Lied entnehmen konnte, und was so wenig romanhaft erscheint, dass wir nicht anstehen werden, sie weder der einen noch der anderen der oben genannten Klassen zuzuzählen, das darin Mitgetheilte als wahr anzunehmen, wo nicht von andersher sich Zweifel an der Wahrheit erheben.

Nicht ohne Widerspruch ist freilich gleich was sie von der Heimat unseres Dichters sagt:

---

[1]) L. u. W. p. 95.

Peire Rogier war aus der Auvergne und er war Kanonikus von Clermont [1]).

Dem steht der Name gegenüber, den eine der besten pariser Liederhandschriften [2]) dem Sänger giebt: *En Peire Rogier de Mirapeys.* Mirepoix (das hier gemeinte) liegt im Departement Ariège, also von der Auvergne weit entfernt, ganz im Süden des Landes, und dort in der That begegnet uns geschichtlich mehr als einmal dieser Name [3]).

Auch die Biographie eines Trobadors, Raimon's von Miraval, erwähnt eines Herrn Peire Rogier de Mirapeys. Er und der Graf von Foix und Herr Olivier von Saissac und Herr Aimeric von Monrial liebten alle jene Loba de Puegnautier, die im Leben Peire Vidal's eine so grosse Rolle spielte und der auch Raimon von Miraval seine Huldigungen darbrachte. Dass dieser Peire Rogier nicht unser

[1]) Die neugefundene cheltenhamer Hds. fügt nach *fo d'Alvergne* noch ein: *de la ciutat de clarmon;* doch steht sie mit dieser Notiz allein.

[2]) C, und ihm schliesst sich f das einzige Mal, dass Peire dort genannt wird, an. Nur einmal in C, im Register, welches vielfach Einwirkungen anderer mss. aufweist, wird allein Peire rogier geschrieben. Die Abkürzung *mira* findet sich in den Ueberschriften von No. 1. 5. 6.

[3]) Schon die erste Erwähnung der Herren von Mirepoix — vom Jahre 1062 — weist den Namen auf. Die Urkunde bezeugt die Abtretung des Castells von Mirepoix durch die Brüder Rogerius und Raimundus Batalha an Rengard, Gräfin von Carcassonne. Die beiden besitzen zwei Drittel des Schlosses und ermächtigen Rengard auch ihren Bruder Petrus Rogerius zur Abtretung seines Drittels zu zwingen (Vaiss. II preuves p. 241 *)). Das Schloss wurde aber der Familie belassen, die Namen Petrus und Rogerius kehren in den Urkunden immer wieder. Die Lehnsoberhoheit wechselte zwischen den Grafen von Carcassonne und denen von Foix (Vaiss. II, III. passim). Auch der letzte Herr von Mirepoix scheint ein Peire Rogier gewesen zu sein. Er hielt im Albigenserkrieg zu seinem Herrn, dem Grafen von Foix, und seine antipäpstliche Gesinnung zeigte sich noch bei einem Vorfall des Jahres 1242 in schroffster Weise. Zwei päpstliche Inquisitoren kamen damals nach Avignonet. Der bailli des Ortes, Raymund d'Alfaro, eilte zu Peire Rogier und unter dessen Anleitung wurden die Inquisitoren und ihre Begleiter überfallen und getötet; ja, Peire Rogier soll den Mördern einen Vorwurf daraus gemacht haben, dass sie ihm nicht den Schädel Guillaume-Arnaud's, des ersten der Getöteten, überbrachten, er hatte ihn sich zur Schale bestimmt. Bei dem Strafgericht, das Raimund von Toulouse über die Theilnehmer an dieser That verhängen lassen musste, scheint auch Peire Rogier den Tod durch den Strick gefunden zu haben (s. Vaiss. III. 431, 439).

*) Ich citire Vaissette in der Regel nach der ersten Auflage, da die Paginirung derselben am Rande der zweiten angegeben ist.

Dichter ist, geht aus der Chronologie hervor. Raimon's von Miraval dichterische Thätigkeit fällt in's Ende des XII. und in den Anfang des XIII. Jahrhunderts, während wir unsern Dichter als Zeitgenossen Bernart's von Ventadorn kennen gelernt haben [1]).

Ob Peire überhaupt einem adeligen Geschlecht entstammte, erscheint sehr fraglich. Die Bezeichnung als *gentils hom* in der Biographie sagt nichts von seiner Herkunft; er war ein „edler Mann", deshalb noch nicht ein „Edelmann". Der adelige Titel *En* wird ihm fast niemals beigelegt [2]), und so vor allem nicht in den Gedichten der Zeitgenossen, bei Peire d'Alvernhe und Raimbaut von Orange (anders freilich beim späteren Raimon Vidal. Dkm. p. 175,30). Jene beiden Handschriften aber stehen allen anderen zu vereinzelt gegenüber (selbst das sonst so getreue R verlässt hier C). Das Erscheinen eines Peire Rogier von Mirapeis in der Geschichte der Trobadors konnte einem Schreiber Veranlassung genug sein unserm Dichter den Namen beizulegen.

Damit freilich müssen wir verzichten, in der Geschichte Aufschluss über die Person des Sängers zu finden. Auch die Annalen der Orte seiner geistlichen Thätigkeit — soweit solche mir zugänglich — scheinen seinen Namen nicht zu kennen.

Dass Peire, ehe er wandernder Sänger wurde, Geistlicher war, erfahren wir ausser durch die Biographie auch durch die schon erwähnten Verse Peire's von Alvernhe:

D'aisso mer mal Peire Rotgiers,
per que n'er encolpatz premiers,
quar chanta d'amor a prezen;
e covengra·l melhs us sautiers
en la gleiz' o us candeliers
portar ab gran candel' arden.

---

[1]) Olivier von Saissac wird von Vaissette im Jahre 1202 erwähnt. Aimeric von Monrial spielt eine nicht unbedeutende Rolle im Albigenserkrieg. Schliesslich 1211 bei der Einnahme von Lavaur durch Simon von Montfort gefangen genommen, wird er erhängt. Peire Rogier von Cabaret, der mit diesen zusammen weiterhin in der Biographie genannt wird, ist bei Vaissette 1209 und 1210 erwähnt. So wird in Peire Rogier von Mirepoix der z. B. in einer Urkunde von 1207 erwähnte zu erkennen sein.

Theilweis dieselben Namen begegnen im Gedicht Raimon's von Miraval: *A dieu me coman, Bayona.* Der dort genannte Peire Rogier wird der Herr von Cabaret sein. Cabaret liegt dicht bei Carcassonne.

[2]) Ausser in C und f nur in der Ueberschrift in R.

Der frohsinnliche Hauch, der damals in der Provence zuerst neue Sitte, neue Kunst ins Leben rief, liess auch die Geistlichkeit nicht unberührt. Aus ihrem Stande wurde den Trobadors eine Reihe ausgezeichneter Genossen zugeführt: Peire Cardenal, Aimeric de Belenoi, Gui d'Uisel, Uc Brunet, Gausbert de Poicibot. Auch Peire Rogier gehört zu ihnen: — *„Er war ein edler Mann und schön und artig und gelehrt und verständig, er sang und dichtete gut, und er verliess das Kanonikat und wurde Joglar.*

„Und er durchwanderte die Höfe, und seine Gesänge wurden mit Gunst aufgenommen, und er kam nach Narbonne an den Hof der Frau Esmengarda, die damals mächtig und hoch gepriesen war; und sie empfing ihn sehr gut und ehrte ihn und erwies ihm grosse Wohlthaten.“

Das Lob, welches die Biographie hier der Herrscherin von Narbonne spendet, wird vom Historiker bestätigt: „Sie verwaltete in schwierigen Zeiten länger als 50 Jahr das Vicomtat von Narbonne mit Klugheit und Geschick. Sie zeichnete sich nicht weniger durch männliche Tugenden aus als durch diejenigen, welche ihrem Geschlecht zukommen, und durch die Weisheit ihrer Regierung, so dass sie sich grossen Ruf, und Schätzung und Achtung der bedeutendsten Fürsten ihrer Zeit erwarb, unter anderen Ludwig's des Jüngeren (VII.). An der Spitze ihrer Vasallen nahm sie an mehreren kriegerischen Expeditionen Theil, und oft war sie Schiedsrichterin in den Streitigkeiten, die sich zwischen Fürsten und Herren erhoben. Sie selbst wollte ihren Unterthanen Recht sprechen, ein Vorrecht, auf welches sie sehr eifersüchtig war; sie präsidirte verschiedenen Rechtsverhandlungen unter dem Beistand ihrer Hauptvasallen. Ihr seltener Charakter erhob sie derart weit über ihr Geschlecht. Als sie in grosser Jugend ihrem Vater, dem Vicomte Aymeric II. folgte, hatte sie zunächst den Ehrgeiz Alfonse-Jourdain's, des Grafen von Toulouse, zu fürchten. Unter dem Vorwand in seiner Eigenschaft als Suzerän während ihrer Unmündigkeit Sorge für Narbonne zu tragen, wollte er das Vicomtat besetzen [1]), aber Ermengarde's Muth und Festigkeit bewahrten sie vor den Unternehmungen dieses Fürsten und Raimond's V., seines Sohnes. Sie erhielt sich im Besitz aller Gebiete ihrer Vorfahren unter dem Schutz ihrer Verwandten, der Grafen von Barcelona und der Könige

---

[1]) Und hielt es auch 9 Jahre lang 1134—1143 besetzt.

von Aragon, mit denen sie immer in enger Verbindung blieb, und deren Oberherrschaft sie auch, nicht gezwungen sondern aus Freundschaft und Dankbarkeit, anerkannte." (Vaiss. III, 89—90).

Dass sie aber nicht Staatskunst allein, sondern auch die höfischen Künste pflegte, lernen wir von den Sängern selbst. Peire Rogier hat sie nicht als einziger gefeiert. Von Saill de Scola erzählt die Biographie (Mahn [2] No. 84): „er weilte bei Frau Ermengarde [1]) von Narbonne, und als sie starb, begab er sich nach Bragairac und liess das Dichten und Singen" [2]); und wenn Bernart von Ventadorn seinen Vers: *La doussa votz ai auzida* an „*midons de Narbona*" sendet, liegt der Gedanke an Ermengarde nicht fern (L. u. W. p. 34). Auch Peire d'Alvernhe scheint dem Geleit seines Liedes *Ab fina ioia comensa* zufolge an ihrem Hof geweilt zu haben (L. u. W. p. 71).

Dass sie mit all den glänzenden Eigenschaften ihres Geistes noch einzige Schönheit des Körpers verband, müssen wir ihrem — freilich liebenden und Hof-Poeten glauben: 7,40 „Und ihre Schönheit strahlt so hell, Wer ihr nur recht ins Auge sieht, Dem wird zu lichtem Tag die Nacht."

So tritt uns Ermengarde als eine der interessantesten Erscheinungen in der Geschichte Südfrankreichs im 12. Jahrhundert entgegen. Ihrem Preis widmete Peire Rogier nun seine Lieder: *Er verliebte sich in sie und machte von ihr seine Verse und Canzonen, und sie gefielen ihr und sie nahm sie an; und er nannte sie Tort-n'avetz* (Unrecht habt ihr daran).

Die grösste Zahl der Liebeslieder Peire's haben wir hiernach mit Bestimmtheit auf Ermengarde zu beziehen, in ihnen nennt er den hier mitgetheilten Verstecknamen. Welcher Gelegenheit dieser seinen Ursprung verdankte, ist uns nicht berichtet. Wir dürfen annehmen, dass das „Unrecht" Ermengarde's ihre Ungeneigtheit war des Dichters Liebesflehen zu erhören [3]).

---

[1]) Die Hds. nennt die Fürstin n'Ainermada.

[2]) Eine gewisse Bestätigung erhält diese Nachricht durch die 11. Strophe des Rügelieds des Mönchs von Montaudon.

[3]) Millot sagt über den Namen (p. 105): mot provençal dont le sens est un éloge de sa conduite. Der Schreiber der Histoire littéraire ist unglücklich in der Auffassung dieses Satzes und umschreibt seltsam (XV, 460): il célébra la vicomtesse sous le nom peu harmonieux de Tort-n'avetz, pour exprimer la haute opinion qu'elle avait donnée d'elle par sa manière de gouverner.

Nur drei Lieder (1. 2. 7.) dürften, da in ihnen der Name nicht begegnet, auf andere Verhältnisse bezogen werden; und im 7. Gedicht noch können wir, wenn nicht den Versteckname selbst, doch eine Anspielung auf ihn finden, z. 10, 11:

oc, ben leu, mas sempre n'a tort.
— tort n'a? qu'ai dig! boca tu mens.

Die beiden anderen dagegen zeichnen sich auch durch weitere Eigenthümlichkeiten von den an Tort-n'avetz gerichteten aus. Sie allein von den Gedichten Peire's nennen seinen Namen in der Tornada (ein Gebrauch der von mehreren der älteren Trobadors geübt wurde, schon von Cercamon, von Marcabrun, Peire d'Alvernhe, Raimbaut d'Aurenga; später ist Arnaut Daniel bekannt dafür); in ihnen allein geht der Dichter von der Betrachtung der Jahreszeit aus, und ferner fehlt ihnen die sonst von Peire so gern verwandte Eigenthümlichkeit der kurzen Wechselrede. Haben wir in diesen Besonderheiten auch keinen Beweis, dass die Lieder nicht an Ermengarde gerichtet sind, so machen sie doch in gewissem Grade wahrscheinlich, dass dieselben einer Periode für sich in Peire's Dichten angehören.

Die Hoffnung aus den anderen Liedern die Geschichte der Liebe des Sängers zu seinem Tort-n'avetz zu erschliessen muss gering sein. Die Wechselfälle eines gewiss jahrelang währenden Frauendienstes sind als so mannigfach zu vermuthen, dass Leid nach Freud und Freud nach Leid sich im Liede aussprechen kann. Zudem entstammen Peire's Lieder fast alle gleichem Anlass, dem Fernsein von der Geliebten; der Zweifel ob er ihre Liebe erringen wird, der Kampf von Hoffen und Entsagen, die Gewissheit durch das Lieben selbst beseligt zu sein, die demüthige Ergebung in den Willen der Dame sind die wiederkehrenden Themata.

Im Gedicht *Per far esbaudir mos vezis* ist seine Liebe noch ganz Demuth. Er verlangt nicht mehr als ihr Lächeln und ihren Scherz; hat er nicht genug, wenn er sie sieht? heimlich und still und verborgen will er sie lieben, nimmer ziemt sich's, dass sie davon erfahre. Freilich heisst er in der zweiten Tornada selbst das Lied seinem Tort-n'avetz überbringen, wir müssen also annehmen, dass damals auch Ermengarde noch nicht wusste, wer mit dem Versteckname gemeint sei. Dass aber das Incognito nicht zu streng sein sollte, geht aus dessen enger Verbindung mit dem Namen Aymeric's hervor (s. p. 12).

Unter den anderen Liedern darf man auf Grund der ähnlichen Form zeitlichen Zusammenhang der Lieder *Non sai don chant, e chantars plagra·m fort* und *Tant ai mon cor en ioy assis* vermuthen. Die Reimfolge in beiden ist ganz entsprechend. Im Versmass dagegen drückt sich die Verschiedenheit der Stimmung aus. Jenes ist im zehnsylbigen Vers, dem der provenzalischen Klagelieder, verfasst, und in der That ist seine Grundstimmung die des Verzagens. Nur allmälig ringt sich der Dichter aus ihr empor zum Bewusstsein der befreienden Kraft seiner Liebe. Das andere aber athmet Freude; wohl wechselt Liebe zwischen Lust und Schmerz, aber ihr Leid ist Lust, ihr Schaden Gewinn, alles wendet sich zum Frohen, das Uebel schwindet, das Gute bleibt. Die letzte Strophe deutet auf etwas, was er vor der Welt verbergen muss.

Im Liede *Entr' ir'e ioy m'an si devis* spricht er aus, dass auch die Geliebte ihm die Versicherung ihrer Liebe gegeben hat; von ihr kam deshalb Freude, Lust und Lachen, und wenn er auch jetzt in der Ferne um sie weinen muss, Herzen, die im Einverständniss sind, kann Niemand trennen; sein Lied soll der Dame ein Trost sein, bis sie einander wiedersehen [1]).

Wenn der Biograph nur fortfährt: *„Lange Zeit weilte er bei ihr am Hof, und man glaubte, dass er Liebesgunst von ihr erführe, weshalb sie von den Leuten getadelt ward. Und sie gab ihm den Abschied und sandte ihn fort von sich. Und er ging zum Herrn*

[1]) Ich habe die Lieder aufgezählt wie man sie sich der Zeit nach entstanden denken könnte, wobei ich freilich verzichten musste, dem 6. eine Stellung zu geben. Sehr bemerkenswerth ist, dass in dieser Reihenfolge die Lieder in die zusammengehörigen Hdss. JK eingetragen sind. Der Versuch einer systematischen Anordnung ist dort ganz unverkennbar. Einen Platz für sich hat No. 8 mit der dazugehörigen Antwort Raimbaut's erhalten; von den Canzonen aber sind die nicht an Tort-n'avetz gerichteten vorangestellt, die anderen folgen in der auch von mir angenommenen Ordnung. Gleiche Folge scheint in Hds. D beabsichtigt gewesen, doch ist sie in sofern missglückt, als 3, 4, 5 zuerst ausgelassen waren und dann an besonderer Stelle nachgetragen wurden, so dass hier 1, 2, 6, 7 dann 8, 8A und endlich 3, 4, 5 bei einander stehen. Alle anderen Hdss. weichen auch unter sich in der Anordnung ab. 8 und 8A freilich stehen auch in ACE zusammen, in C auch 1, 2; 4, 3, 6, 5 sind in C ebenfalls nebeneinander gesetzt, doch in dieser Reihenfolge; immerhin darf man in C vielleicht noch Spuren gleicher Ordnung wie in JK sehen.

Raimbaut von Orange", so ist nach dem Inhalt von Peire's letztgenanntem Liede nicht unwahrscheinlich, dass er den richtigen Grund für die Entfernung von Ermengarde's Hof angegeben habe, aber — wir haben die Stelle schon besprochen — das Lied an Raimbaut sagt uns nichts davon.

Keine Veranlassung zu bezweifeln haben wir, was weiter von Peire's Schicksalen erzählt wird: *„Er blieb lange Zeit bei Herrn Raimbaut von Orange, und dann schied er und ging nach Spanien zum guten König Alfons von Aragon; und darauf weilte er beim guten Grafen Raimon von Toulouse so lange er wollte und es ihm gefiel."*

Eine Handschrift (R) lässt ihn sogar nicht nur nach Aragon gehen, sondern auch zum König Alfons von Castilien (1158—1214), eine Angabe die an sich nicht unwahrscheinlich ist, die aber zu ungenügend bezeugt wird. Dass Peire von Narbonne nach Aragon ging ist nur natürlich, denn — abgesehen von der Anziehungskraft, die dieser spanische Hof auf die Trobadors der Zeit ausübte — waren die beiden Höfe durch Freundschafts- und Verwandtschaftsbande eng verknüpft. Der Hof Raimon's von Toulouse andrerseits war der reichste von Südfrankreich in jener Zeit und daher ein Sammelpunkt für die Trobadors. Dort weilte Bernart von Ventadorn, Peire Vidal, Folquet von Marselha, Raimon von Miraval, Peire Raimon von Toulouse u. a.

Endlich erzählt der Biograph: *„Er ward sehr geehrt in der Welt, so lange er in ihr lebte; dann wurde er Mönch im Orden von Granmon und da starb er."*

So kehrte Peire Rogier zum geistlichen Stand zurück, den er einst mit dem des Sängers vertauscht hatte, wie uns auch von manchem anderen Trobador erzählt wird, dass er in späteren Jahren ins Kloster trat, von Peire d'Alvernhe und Bernart von Ventadorn; Cisterzienser wurden Bertran de Born, Perdigo und Folquet von Marseille, der spätere Bischof von Toulouse; Uc Brunet wurde Carthäuser und Guillem Ademar folgte unserm Dichter in den Orden von Grandmont. Dieser Orden war jener Zeit einer der blühendsten in Südfrankreich, obwohl sein Stifter Stephanus von Tigernum erst 1124 gestorben war. Er wurde auf die sehr strengen Vorschriften der calabresischen Mönche gegründet, und dass die Brüder in der That im Ruf grosser Demuth standen, geht aus einer Stelle Gaucelm Faidit's hervor:

Vas midons suy de franc saber,
plus humils c'us frairs de Granmon,
et ylh m'es d'orgulhos parer
si que can la prec no·m respon.
(S'om pogues partir so voler.)

II.

Haben wir so das wenige zusammengestellt, was über Peire Rogier's Lebensschicksale berichtet wird, so ist noch unsere Aufgabe die Zeit seines Wirkens festzustellen. Auch hierfür fliessen die Quellen spärlich.

1) Peire's d'Alvernhe Schmählied stellt unseren Dichter zu den Trobadors der ersten Zeit. Aber welchem Jahr gehört dies Lied selbst an? Suchier (Jahrb. XIV, 121) bildet sich auf sehr unsicherer Grundlage das Datum ca. 1180. Die Wirkungszeit der aufgezählten, uns bekannten Sänger ist meist nur in weiten Grenzen zu bestimmen. Ein Herr mit dem Namen Bertran de Cardalhac, der in der 9. Strophe genannt wird, ist aus der Geschichte vom Jahre 1176 bekannt (Vaiss. III, p. 40). Von Wichtigkeit kann die Erwähnung des „Herrn“ Raimbaut in der 10. Strophe sein. Wir kennen freilich mehrere Sänger Raimbaut, doch gerade dass Peire d'Alvernhe diesem einen weiteren Namen beizufügen unnöthig fand, scheint auf einen allbekannten Dichter hinzuweisen. Dann kommen nur zwei Namen in Betracht: Raimbaut von Vaqueiras und der von Orange. Der Ruhm des ersten gehört erst dem Schluss des Jahrhunderts an, so scheint Raimbaut von Aurenga gemeint zu sein, und das, was hier vom Dichterhochmuth des fraglichen gesagt ist, empfinge in der That sehr vielfache treffende Illustration aus Raimbaut's von Orange Liedern (am bezeichnendsten in seinem 15. Gedicht Str. 5). Ist er aber hier gemeint, dann ist Peire's Gedicht vor 1173, Raimbaut's Todesjahre verfasst. Dass unser Dichter dieses Raimbaut Zeitgenosse war, ist schon bekannt[1]).

[1]) Unerwähnt lassen will ich nicht, dass CR, also zwei Handschriften, welche eine sehr beachtenswerthe Gruppe zu bilden pflegen, im 3. Vers der auf Peire Rogier bezüglichen Strophe *chantet* gegen *chanta* der anderen Hdss. lesen. Sonst stehen überall Praesentia, Versuchung zur Einführung eines Praeteritums lag also nicht vor, eher umgekehrt. Ein Praeteritum könnte zweierlei Veranlassung haben, entweder hatte Peire Rogier schon aufgehört von Minne zu

2) Die Regierungszeiten der in der Biographie genannten Fürsten.

Des Trobadors Gönnerin Ermengarde regierte Narbonne 1143 bis 1192. Aus ihrem Alter wird, wer die Zeit kennt, nicht auf die Epoche ihres Verhältnisses mit Peire Rogier schliessen wollen. Ueberdies wäre dasselbe schwer zu bestimmen. Ermengarde war Tochter Aymeric's II., der als Alfons' I. von Aragon Verbündeter 1134 in der Schlacht von Fraga gegen die Mauren fiel. Aymeric war zweimal verheirathet. Dem Namen nach zu schliessen war Ermengarde Tochter der gleichgenannten ersten Gattin, mit welcher er seit mindestens 1114 und noch 1126, nicht mehr aber 1130 vermählt war, denn in diesem Jahre nennt eine Urkunde Ermessinde als seine Gattin. Mithin ist Ermengarde's Geburt zwischen 1114 und 1129 zu setzen und da sie sich 1142 vermählte, vielleicht in den Anfang des dritten Jahrzehnts.

Unter Alfons von Aragon haben wir den zweiten zu verstehen, der 1162—1196 regierte, Raymond I. von Toulouse herrschte 1148 bis 1194.

3) Nur zwei von Peire's Liedern lassen nähere Datirung zu. Das eine ist das mehrerwähnte an Raimbaut d'Aurenga, welches vor 1173 entstanden sein muss (s. p. 10, Raimbaut 1150—1173). Das andere No. 3 erwähnt in seiner Tornada eines Aimeric lo tos. Mit ihm wird Niemand als Ermengarde's Neffe, ihrer Schwester Ermessinde Sohn, gemeint sein.

Wie Ermengarde empfing Ermessinde den Namen von der Mutter, Aymeric's zweiter Gemahlin; ihr Geburtsjahr liegt also zwischen 1126 und 1134. Sie heirathete Don Manrique de Lara, einen der mächtigsten Granden Castiliens, und zwar erscheint sie zum ersten Male in einer Urkunde des Jahres 1151 als dessen Gemahlin [1]). Der Ehe entstammten zuerst als Söhne Aimeric und

singen, doch wäre dann der Tadel gegenstandslos gewesen, oder Peire d'Alvernhe bezog sich auf ein gewisses, kürzlich erst gehörtes Lied. Was die Tornada von der Entstehung des Schmähgedichtes berichtet, wäre dem nicht ungünstig, und der Umstand würde Peire Rogier's Stellung als erster in der Reihe der Geschmähten erklären. Doch ist der Grund zu schwankend, auch nur Wahrscheinlichkeiten darauf zu bauen.

[1]) Salazar: historia genealogica de la casa de Lara. Madrid 1694. I, pruebas p. 9. Das Jahr wird nicht genannt, die Angabe aber, dass die 11. Calenden des Mai auf Mittwoch fielen, weist uns auf 1151.

Pedro [1]). Als Ermengarde sich ohne Erben sah, beschloss sie ihren Neffen Aimeric zum Nachfolger zu machen; von 1167 an sehen wir ihn in den Urkunden neben ihr, doch vorläufig noch ohne anderen Titel als den eines Neffen der Fürstin, und so wird er bis 1176 bezeichnet; von Januar 1177 an begegnet er als Aimeric von Narbonne [2]). Aber in dasselbe Jahr fällt auch der Tod des jungen Prinzen. Mithin kann dieses Lied nicht später als 1177 gedichtet sein; in welchem Jahr frühestens ist schwer zu sagen, denn wir wissen nicht, ob Aimeric nicht schon vor 1167 in Narbonne gewesen ist. Die ausdrückliche Bezeichnung *lo tos* „der junge", wie die Ermahnung scheinen auf grosse Jugend des Prinzen zu deuten. Das Jahr seiner Geburt ist uns nicht überliefert, da aber die nur kurze Ehe der Eltern (Manrique starb 1164) reich an Kindern war, dürfen wir die Geburt Aimeric's als des ältesten in den Anfang der fünfziger Jahre legen.

Dies die einzigen Anhaltspunkte Peire Rogier's Zeit zu bestimmen. Der Gewinn daraus ist nur die Gewissheit, dass der Dichter dem dritten Viertel des zwölften Jahrhunderts und so der glänzendsten Zeit provenzalischer Poesie angehört.

III.

Bei der Werthschätzung provenzalischer Gedichte ist eins vor allem nicht zu vergessen: dass wir in ihnen nur die Hälfte eines Kunstwerks haben. Dem Provenzalen wie heut noch allerwärts dem Volke erschien Dichtung und Gesang als ein zusammengehöriges Ganzes. Erst ein näheres Kennenlernen ihrer Musik wird uns alle Verdienste der Trobadors zeigen; jedenfalls haben sie das, die Melodie aus dem Volke gehoben und sie zum ersten Mal im neuen Abendland zum Gegenstand künstlerischen Strebens gemacht zu haben. „In ihre Gesänge flüchtete sich der Wohlklang der Melodie in einer Zeit, wo die übrige Musik in den Händen der Scholastik ein abschreckendes Aussehen erhielt, und sie hegten und pflegten die Freude an Gesang und Wohlklang bis die Zeiten kamen,

[1]) Salazar l. c. p. 132 nimmt Pedro als den älteren, gewiss aber ist Vaissette im Recht Aimeric für den erstgeborenen zu halten (III, 544).

[2]) Vaiss. III, 543, gegen Salazar I, pruebas 14.

wo auch die höhere Kunstmusik die Mönchskutte auszuziehen anfing"[1]).

Noch bei Dante finden wir die stete Rücksichtnahme auf den Gesang[2]); damals aber war Dichtung von Wort und Ton schon verschiedenen Künstlern übergeben; ihre engste Verbindung bei den Provenzalen ist das Zeichen jugendlicher Kunst. Freilich trat eine Trennung auch schon bei den Provenzalen ein; mit Rücksicht auf den Inhalt der Dichtung liehen sie der Musik bald grösseren, bald geringeren Werth. Die kunstreiche Form des Liebesliedes setzt reiche musikalische Gestaltung voraus. Das realistische Sirventes dagegen durfte ganz auf musikalische Erfindung verzichten. Auch lassen die meist einfachen, nicht immer originellen Formen der Tenzonen mindere Rücksicht auf Melodie vermuthen.

Die enge Verbindung von Wort und Ton musste der provenzalischen Dichtung eigene Züge aufprägen. Die Nothwendigkeit origineller Gedankenentfaltung trat zurück, ja diese hätte die Aufmerksamkeit zu sehr von der Musik abgezogen; an wenigen Ideen fand die Musik reichen Stoff; es sind dieselben die heut noch immer nicht erschöpft sind. So entschuldigt sich eine nicht zu leugnende Gedankenarmuth. Von der Musik in der Welt der Gefühle zurückgehalten wurde die provenzalische Lyrik um so weniger versucht auf das Gebiet der erzählenden Dichtung überzugreifen; es ist auffallend wie selten wir in provenzalischen Gedichten einem Ereigniss begegnen.

So ist der Massstab, den man an Trobadorpoesien zu legen hat, verschieden von dem für modernere Literaturen gültigen.

Abgesehen von diesen allgemeinen Zügen berührt uns am befremdendsten in Peire's Gedichten das Spiel der Wechselrede in kurzen Sätzen, für das er eigene Vorliebe beweist. Den Provenzalen war dies Spiel nicht in gleichem Masse auffällig wie uns, denn seine Verwendung ist bei den vorzüglichsten Trobadors nicht selten. Bernart von Ventadorn hat die Wechselrede im 17. Liede, Guiraut von Bornelh in 3, 43, 66; Peirol ist ihr in besonderem Masse zugethan. Die Gedichte 2, 3, 8, 19, 20, 21 enthalten alle

---

[1]) Ambros Gesch. der Musik [1] II, p. 216.

[2]) De vulg. eloq. II, 4: si poesim recte consideremus; quae nihil aliud est, quam fictio rhetorica, in musicaque posita.

längere oder kürzere solche Stellen. Wir finden sie bei Uc de St. Circ, Elias Cairel, Lamberti de Bonanel, Arnaut Plagues u. s. w.[1]).

Bemerkenswerth ist, dass Peire Rogier nie wie der letztgenannte Trobador und wie auch Guiraut von Bornelh in *Ailas cum muer* und in *S'ara no poja mos chans* die Wechselrede durch alle Strophen geführt hat, sondern wie Bernart von Ventadorn sie nur gelegentlich, steigernd eintreten lässt[2]), und mit Recht; was in geringerer Ausdehnung lebhaft wirken konnte, musste in so breiter Ausführung ermüden.

Im dritten Liede bei Peire ist die Manier nur in einzelnen eingestreuten Fragen angedeutet, am meisten tritt sie im 4. und 6. Liede hervor. Dass sie in 1 und 2 ganz fehlt, ist oben schon erwähnt (p. 7).

Die Wechselrede dient dem Dichter meist die widerstreitenden Empfindungen des eigenen Innern darzustellen. Dass sie als Selbstgespräch gemeint ist, ist dort klar, wo hin und her die erste Person des Verb zur Anwendung kommt, wie im 7. Liede:

Sehr lieb ich sie, die mich gewann. —
Und sie liebt mich? — Sie sagt jawohl. —
Ob ich dem Worte trauen soll? —
Gewiss, wenn nur die That entspricht,
Und sie, was sie versprach, nicht bricht,
So dass ich mehr als jetzt besitz'.

Anders ist es z. B. im 6. Liede:

O weh! — was klagst? — ich fürcht' den Tod[3]). —
Was ist's? — ich lieb'. — zu sehr? — so dass
Ich sterb'. — du stirbst? — ja. — findst kein Heil? —
Nein. — wie das? — so gross ist mein Gram. —

---

[1]) Dass die Manier auch in die höfische Epik Nordfrankreichs eingedrungen ist, ist bekannt. Man sehe den Chevalier au lyon v. 1430—1508, 5997—6097; vgl. Holland in der Germania I, 241.

[2]) Im vierten Liede beginnt die Wechselrede schon in der ersten Strophe, bewegt sich aber zunächst in langen Sätzen; erst allmälig, der grösseren Erregung folgend, kürzt sich auf beiden Seiten die Rede. Es kommt hier ein recht lebendiges, nicht unglückliches Bild des Schwankens zwischen Furcht und Hoffnung zur Darstellung, und da der Dichter sich dann in einer schwungvollen Strophe über die Zweifel zu froher Gewissheit emporhebt, findet eine gelungene Steigerung von der beklommenen Stimmung des Anfangs zur Freude hin statt.

[3]) Die Aehnlichkeit dieser Stelle mit der Verständigung der Liebenden in der Flamenca ist auffallend: *Ailas! — que plans? — mor mi. — de que? — d'amor* etc.

Woher? — von ihr, um die ich sorg'. —
Geduld! — was hilft's? — erbitte Gnad'. —
Ich thu's. — umsonst? — ja. — klage nicht,
Kommt Leid dir. — nicht? — kommt's doch von ihr!

Rath hab ich. — wie? — ich lasse sie. —
Thu's nicht. — doch, ja. — du suchst dir Pein. —
Was thun? — Willst ihrer froh du sein? —
Wie gern! — folg mir. — nun, also sprich. —
Voll Demuth sei und Trefflichkeit. —
Schafft Leid sie mir? — ertrag's. — ich muss?[1]) —
Ja, wenn du liebst; doch folgst du mir,
Fällt Liebesglück dir zu von ihr.

Hier stehen sich, scheinbar wenigstens, zwei Redende gegenüber, denn dass wir auch hier noch nicht gezwungen sind von der Annahme eines Selbstgesprächs abzugehen, zeigen uns deutlicher als die in der Lyrik, die in der erzählenden Dichtung vorkommenden Fälle. (Zur Erklärung der seltsamen Art muss man vielleicht auf die grössere Lebhaftigkeit des südlichen Geistes Rücksicht nehmen, dem der bewegte Kampf widerstrebender Elemente des eigenen Innern dialogischer Behandlung weniger unzugänglich scheinen mag.) Man sehe die Selbstgespräche in der Flamenca: v. 1277ff. Archimbaut, in Eifersuchtsraserei, sinnt nach, wie er mit seinem Weib verfahren soll: *Auras sui et estrac; Anc mais hom tal mollier non hac! E tu dizes que ges non saps Con la tenguas ni en cals caps? — Non saps? — si fas. — e quo? — bat la! — E·l batres que m'enanzara? — Deu! er en plus douza e meillers. — Ans n'er plus amara e piegers.*

Oder v. 4014, wo Guillem, zwischen Liebes-hoffen und -bangen lange schwankend, endlich ausruft: *Lasset, caitiu! que donc (?) farai, Ni qual consseill ara penrai?*[2]) — *Non sai. — qui donc? — amors. — que·t*[3]) *ual, Qu'il non s'entremet d'autrui mal? — Tort has. — per que? — si fai. — cossi? — Deu! fez ti parlar hui ab*

[1]) „bin ich (denn) gefangen?" s. Anmerkung zum Text.

[2]) Auffallender als die in obiger Anmerkung erwähnte Aehnlichkeit ist hier die mit einer Stelle Bernart's von Ventadorn: *Ailas caitiu! e que farai Ni cal conseil tenrai de me (En consirier et en esmai)*

[3]) Für *que·t* ist *que·m* zu vermuthen. Der Vers ist bei P. Meyer unzerlegt geblieben.

si. — Vers es, ab ma dona parliei, Mas qual pro i hai, ni qu'enanciei? — Tu si fesist etc.

In beiden Fällen ist die Gegenwart eines Zweiten ausgeschlossen; so also kann man auch die Strophen des 6. Liedes erklären. Vielleicht aber haben wir auch hier anzunehmen, was im 5. Liede sicher der Fall ist, dass der Dichter sich in der That eine andere Person als Widerpart gedacht hat, wie wir es auch z. B. bei Guiraut de Bornelh in *Ailas com muer* finden.

Peire Rogier war unter den frühesten Trobadors, welche die Manier der Wechselrede verwandten. Ob er der erste gewesen ist, wird sich schwer feststellen lassen, denn wir sahen, dass auch Bernart von Ventadorn und Guiraut von Bornelh sich ihrer bedienten; es gälte die Datirung der einzelnen Lieder zu treffen, und dazu scheint unser Material nicht hinreichend. Kaum aber findet sich neben Peire ein anderer mit gleicher Vorliebe für sie.

Die leys d'amors sprechen auch von dieser Eigenthümlichkeit (I, 322), und zwar bezeichnen sie eine Strophe, in welcher sie sich findet, als *cobla tensonada, en autra maniera dicha enterrogativa.* Die sechs Beispiele, welche sie dazu geben, zeigen, dass sie besser gethan hätten beide Arten getrennt aufzuführen. Die vier ersten Coblen kann man nur als *enterrogativas* bezeichnen, es treten gar nicht zwei Stimmen in ihnen hervor. Das fünfte Beispiel gehört nicht dorthin, erst das sechste entspricht dem bei Peire Rogier vorkommenden:

Halas! — ques has? — greu mal. — e qual? —
Fervor. — d'amor? — o yeu. — coral? —
O be. — de me? — de te. — perque? —
Quar pros, joyos tos cors e bos
Es, bels, ysnels[1]*) e gracios. —*
Peccat malvat has contra Dieu
Pessat, que dat t'a lo nom sieu. —
Vers es, mas ges als non puesc far,
Quar pres ses bes me fas estar[2]).

[1]) Gatien-Arnoult: *ys uels.*

[2]) Von den Strophen, welche die leys noch mit grösserem Recht als *tenzonadas* hätten bezeichnen können, jenen fingirten Tenzonen mit versweise eintretendem Wechsel der Rede, wie *Domna, a vos me coman* von Albert (aber im Gr. unter No. 15, nicht 16 aufzuzählen) oder *Domna, per vos estauc en gran turmen* von Aimeric von Pegulhan, geben sie gar kein Beispiel; auch für die *cobla enterrogativa* wäre eine Strophe aus Uc's von St. Circ: *Tres enemicx e dos mals senhors ai* ein glücklicheres Beispiel gewesen.

Dass in dem Streit, den Peire in solch dialogischer Form zu schildern liebte, Amors stets der Sieg zufiel, ist selbstverständlich. Er verlangt vom Liebenden Unterwerfung unter alles, was ihm von der Dame kommt. Am ausführlichsten giebt das 1. Lied seine Auffassung der Minne wieder:

Glaube Kläffern nicht, wer liebt,
Ja, sieht er auch ein Vergehn
Seine Freundin sich erlauben,
Trau er seinen Augen nicht:
Was sie zu verstehen giebt
Muss er ohne Schwur ihr glauben
Und misstrau'n den eignen Blicken.

Darin hab ich allezeit
Selbst die Klügsten fehlen sehn,
Dass sie auf dem Recht beharren,
Bis dass die Geduld ihr bricht,
Und die Freude wird zu Leid,
Und ins Unglück so die Narren
Unbedachtsam sich verstricken.

Diese Weisheit ist mein Heil
Und mein Wunsch muss stets geschehn:
Denn schlägt sie auch ganz mich nieder,
Schweig ich doch, wo jeder spricht;
Wird ein Weh mir auch zu Theil,
Duld' ichs stille, bis sie wieder
Mich mit Freuden will erquicken.

(Diez' Uebersetzung.)

Hier zeigt sich zugleich die schon von Diez an unserem Dichter hervorgehobene Neigung zum didaktischen Ton, welche man 2,37–45, 50–54, 59–63; 4,4–7, 10–14; 5,8, 35; 7,32, 33; 8,15–42 wiederfinden wird. Der poetische Werth gewinnt nicht durch solche Einschiebungen, aber es ist ein den Trobadors gemeinsamer Zug, das, was sie thun und sagen, bald durch allgemeine Betrachtungen, bald durch Bezugnahme auf Volksweisheit, auf Sagen, auf die Schrift rechtfertigen zu wollen.

Die Weltanschauung, die wir an Peire kennen lernen, ist die seiner Zeit, frohlebig und „leichten Sinnes“, denn: 8,29

Seid nicht von zuviel Sinn ein Mann,
So dass man sag', er ist zu klug,
Denn dort, wo Klugheit nicht genug,
Ist's Thorheit oft, die helfen kann.

Ist euer Haar noch nicht gebleicht,
Sind noch die Glieder frisch und leicht,
Bringt zuviel Sinn nicht Ehr noch Gut.

Dem Uebel darf man nicht nachgeben: 4,4 „Dann zeigt sich, dass der Mensch verständig ist, weiss er sein Leid mit guter Art zu tragen.“

„Da alles das was ist zum Tod sich neigt,
Was schätzest du, was immer man beginnt? —
Für niedrig hält den Feigen man gesinnt,
Und da man stets so gut sich halten soll,
Dass Niemand spottet oder Uebles sagt,
Mein ich, der Mensch thut Unrecht, der verzagt,
Wenn er die Welt zu Dienste haben will.“

In der Achtung seiner Zeitgenossen nahm Peire Rogier sicher keinen unbedeutenden Platz ein. Wir haben gesehen, wie Peire d'Alvernhe ihn als ersten, und neben Guiraut von Bornelh und Bernart von Ventadorn, gewiss also nicht als untergeordneten Dichter nennt. Ein anderes Zeugniss ist uns die Art, wie Raimbaut d'Aurenga, der wegen seines Hochmuths bekannte Fürst, das Lied des Trobadors beantwortete.

Matfre Ermengau und Raimon Vidal berufen sich auf unsern Dichter um ihre Meinung zu bekräftigen; dieser citirt ihn in der Novelle *abril issi e mays intrava*, jener dreimal im breviari d'amor [1]).

Und über die Grenzen seines Landes und seiner Zeit wurde Peire Rogier gekannt. Wenn wir den italienischen Commentatoren glauben sollen, will Petrarca selbst ihn im trionfo d'amore erscheinen lassen. Da ihm die Reihen berühmter Liebesdichter vorüberziehen, kommen neben denen des Alterthums und Italiens auch berühmte Trobadors; an ihrer Spitze Arnaut Daniel, dann

Eranvi quei ch'Amor si leve afferra,
L'un Pietro e l'altro, e'l men famoso Arnaldo.

Arnaldo ist wohl Arnaut von Marueill; unter einem Pietro ist, da der von Alvernhe noch später erscheint, gewiss Vidal zu verstehen. Den zweiten aber erklärt Vellutello für Pietro Ruggieri d'Arvernia (Gesualdo und Daniello mit seltsamer Entstellung Pietro Negieri). Die Bezeichnung bei Petrarca ist zu allgemein um sicher auf unseren Peire zu deuten; Vellutello's Ansicht ist aber nicht

[1]) Ueber Peire Vidal s. Anmkg. zu 8,36.

unwahrscheinlich, denn Rogier steht an Ruf unter den Peires obenan; Peire Cardenal war als moralischer, nicht als Liebesdichter ausgezeichnet.

Auch Bembo erwähnt unsern Trobador; wo er in den Prose lib. I von Entlehnungen der Florentiner aus der provenzalischen Literatur redet, wie man als von einer solchen von der Sestine sprechen kann oder *delle altre canzoni, che hanno le rime tutte delle medesime voci, si come ha quella di Dante:*

Amor tu vedi ben che questa Donna
La tua virtù non cura in alcun tempo.

Il qual uso insino da Pietro Ruggiero incomminciò.

Das Reimschema der Dante'schen Canzone ist dieses:

A B A A C A A D D A E E,

A ist *donna,* B *tempo,* C *luce,* D *freddo,* E *pietra.* In den Strophen wechseln die Reime so, dass der letzte jeder vorhergehenden der erste der folgenden Strophe wird, also:

No. 1 a b c d e
- 2 e a b c d
- 3 d e a b c etc.

Es giebt im Provenzalischen eine Anzahl von Liedern, deren Reimwörter wie hier durch alle Strophen bleiben. Darin aber hat Dante die Trobadors an Künstlichkeit übertroffen, dass er auch in der einzelnen Strophe sich auf die gleichen Wörter beschränkte. Am nächsten steht dem Gedicht Dante's unter allen provenzalischen eins von Peire Vidal (Gr. No. 29). Sein Schema ist:

A^1 A^2 A^3 B^1 A^4 B^2 B^3 B^4 C^1 C^2 D^1 D^2.

Die ersten 8 Verse sind fünfsylbig, die letzten 4 siebensylbig. Die Strophen wechseln ihre Reime wie bei Dante:

a b c d, d a b c, c d a b, b c d a.

Da aber die Reime A und B viermal vorkommen und in derselben Strophe jedesmal von einem anderen Worte getragen werden, erhalten wir für 5 Reimwörter bei Dante hier deren 16. Erschwert dagegen hat sich Peire Vidal die Aufgabe, indem er die Canzone den Kreis der Reimwechsel zweimal durchlaufen lässt.

Andere provenzalische Fälle vom Bleiben der Reimwörter durch alle Strophen sind folgende: Richart de Berbezilh No. 7:

$A^1 \; A^2 + B^1_{\smile} \; B^2_{\smile} \; C^1 \; C^2 \; A^3 \; A^4$
$10 \; 4 \quad 6_{\smile} 10_{\smile} 10 \; 10 \; 10 \; 10$

Der Reimwechsel in den 5 Strophen ist:

1 2 3 4 5 6 7 8
7 8 4 3 6 5 2 1
2 1 3 4 5 6 8 7
8 7 4 3 6 5 2 1
2 1 3 4 5 6 7 8
Tornada: 6 5 2 1

Bartolomeo Zorgi 13: zehnsylbige Verse;

Str. 1, 3, 5, 7: $A^1 \; B^1 \; B^2 \; A^2 \; C^1 \; D^1 \; D^2 \; C^2$
2, 4, 6: $C^2 \; D^2 \; D^1 \; C^1 \; A^2 \; B^2 \; B^1 \; A^1$

Guillem Peire de Cazals 3: achtsylbige Verse;

Str. 1, 3, 5: A B C C B A
2, 4: C B A A B C

Guiraut Riquier 58: zehnsylbige weibliche Verse:

A B C D E F G H ohne Wechsel.

Raimbaut d'Aurenga 16:

$A \; B \; C \; D \; E^1 \; E^2 \; F^1 \; F^2$.

F ist achtsylbig männlich, die andern siebensylbig weiblich. Die Reime decken sich insofern nicht vollständig, als die gleichen Wörter mit und ohne Flexions-s auftreten[1]).

Unter Peire Rogier's Liedern findet sich keins, das diese Eigenthümlichkeit zeigte. Dass sie in so hohe Zeit hinaufreicht, geht aus dem letztgenannten Beispiel hervor. Wir müssen dahingestellt sein lassen, ob Bembo hier über uns verlorene Hilfsmittel verfügte, oder ob seine Angabe ungenau ist. Der eine Werth bleibt der Nachricht: das Fortleben von unseres Dichters Namen auch im sechszehnten Jahrhundert zu bezeugen.

---

[1]) Von der Sestine, welche auch zu dieser Gattung gehört, ist der provenzalische Ursprung bekannt. Das Eigenthumsrecht des Trobadors an der erfundenen Form verhinderte sie aber im Provenzalischen zur Dichtungsgattung zu werden, wie sie es im Italienischen wurde. Wir haben dort ausser Arnaut Daniel's Sestine nur deren bekannte Nachahmungen von Bartolomeo Zorgi und Guillem de Saint-Gregori.

IV.

Die Verse, deren sich Peire Rogier bediente, sind von sehr verschiedener Länge:

4sylbige	männliche	in	3
5 -	weibliche	-	2
6 -	-	-	2
7 -	männliche	-	1, 2, (9)
7 -	weibliche	-	1
8 -	männliche	-	2, 3, 5, 6, 7, 8
10 -	-	-	4

Von diesen Versarten findet sich der grössere Theil schon beim ältesten Trobador Wilhelm von Poitiers[1]), nur der fünf- und zehnsylbige nicht; dagegen gebraucht den Fünfsylbner schon Marcabrun. Er bleibt in der späteren Lyrik ein seltener Vers, nur einige Dichter, wie Guiraut de Bornelh, Gaucelm Faidit, Cardenal und Guiraut d'Espanha verwenden ihn häufiger. Anders der zehnsylbige männliche, der sehr bald einer der beliebtesten Verse wird. Bei Wilhelm von Poitiers, Jaufre Rudel, Cercamon, Marcabru findet er sich noch garnicht. Zuerst bei Bernart von Ventadorn und zwar in fünf Gedichten; es ist aber zu bemerken, dass er strophenbildend bei ihm nur dann auftritt, wenn das Gedicht *Belh Monruelh* von ihm herrührt. Bei Raimbaut d'Aurenga und Peire d'Alvernhe steht er vereinzelt in je einem Gedicht.

Noch entschiedener als in späterer Zeit hat in der frühesten der achtsylbige männliche Vers das Uebergewicht über alle anderen. Sehr häufig ist bei Wilhelm und bei Marcabru die auch von Peire verwandte Bindung des achtsylbigen mit dem viersylbigen Verse[2]).

Der zehnsylbige Vers hat auch bei Peire Rogier in der Regel Cäsur nach der vierten betonten Sylbe, lyrische Cäsur findet sich aber in 4,49.

---

[1]) Es ist ein Versehen von Suchier, wenn er Jahrb. XIV, p. 290, 291 sagt, dass der männliche Siebensylbner bei Wilhelm nicht vorkomme, er ist in *Farai chansoneta nova.*

[2]) Unter den ersten 12 Liedern findet sie sich viermal, bei Marcabru fünfmal. Sie scheint schnell an Beliebtheit verloren zu haben (doch wendet sie Guiraut von Bornelh gern an).

Ueber den Hiatus geben die leys I, 22 ff. ausführliche Regeln. Sie verbieten ihn zwischen Vokal und Vokal, und zwischen Diphthong und Diphthong. Aber die Poetiker des vierzehnten Jahrhunderts sind bereit dem Belieben grossen Spielraum zu lassen: „Alle diese Fehler von Vokal vor Vokal und die anderen obgenannten halten wir für ganz entschuldigt, wenn man sie begeht um ein gutes Wort nicht zu unterdrücken — denn man soll die Frucht lieber haben als die Schale —, oder wenn man sich auf andere Weise nicht richtig oder nicht so gut und schön ausdrücken kann“ (I, 28). Ferner nehmen sie die für die Rede nöthigsten, vokalisch und diphthongisch auslautenden Wörter von der Regel aus, wie *qui, si, ni, no.* So wird von der Regel dem häufigen Gebrauch zu Liebe auch der starke Hiatus *ieu ai* ausgenommen.

Der Unsicherheit der leys d'amors entspricht der Gebrauch bei den Trobadors. Bei Peire Rogier finden sich Hiate in grosser Zahl. Solche zwischen zwei Vokalen sind an den folgenden Stellen:

a : e 4,43; a : o 7,37; a : u 2,35.
e : a 2,47; 6,42; e : e 7,28.
i : a 2,9; i : e 3,35; 4,12; i : o 4,52; 5,24; i : u 2,16.
o : a (9,4).
u : o 6,55.

Elidirbar sind die auslautenden Vokale bei 2,35; 7,28. Die von den leys nicht verbotenen Hiate zwischen Diphthong und Vokal unterlasse ich aufzuzählen. Die Fälle von Hiatus zwischen Diphthong und Diphthong gehören meist zu denen, die durch Nothwendigkeit des Gebrauchs entschuldigt werden. So das oben erwähnte *ieu ay* 5,27, in der Umkehrung *ay ieu* 3,20, *sai ieu* 2,32, *suy ieu* 1,29; 3,17, 23; 7,7. Schlimmer ist *sui aissos* 4,45.

Von Kunstmitteln innerhalb des Verses wendet Peire Rogier hin und wieder Alliteration an. Die Vorliebe für stabreimende Verbindungen finden wir seit den ältesten Trobadors. Wilhelm von Poitiers sagt: *bon e belh* (12), *de joi e de joven* (3), *fer ni fust* (12), *per aur ni per argen* (3), *en pueg o en pla* (7), *que·m plassa ni que·m pes* (7), *lo joy jauzir* (11). Die Mehrzahl der bei den Trobadors vorkommenden Verbindungen sind so naheliegend und so häufig, dass sie nicht als Eigenthum éines Dichters, sondern als das der Sprache oder wenigstens des gehobenen Styls anzuerkennen sind. Bei Peire Rogier gehören dahin etwa folgende: *cug ni cre* 4,21, *sen e saber* 8,8, *condugz ni dos* 8,2 [1]), *folhs-fatz* 7,17; 8,37, *cubertz e quetz* 3,28, *meinhs o may* 8,13, *huey fai que platz, deman que pes* 5,32, *mal mortal* 2,17, *paucs plagz* 1,26, *no sap sal* 2,36, *pauc pren* 5,22, *pensa petit* 2,16, *so say* 5,41, *pauc pres* 7,29, *ab mal los mals, ab ben los bos* 8,42, *ab los pros uai pretz enan* 5,10, *sapchatz ab los sauis* 8,38, *mai que mai* 3,56, *lai ab lieys* 3,9.

Doch begnügten sich die Trobadors nicht mit diesen meist einfachen Verbindungen; die Klangwirkung wurde auf weitere Strecken ausgedehnt, auch blieb der Gleichklang nicht auf den Anlaut beschränkt, auch an anderen Stellen des Wortes war er geeignet die beabsichtigte Wirkung zu verstärken. Diese Eigenthümlichkeit, welche, der Alliteration nahestehend, über deren Wesen hinausgeht, ist bei den Provenzalen sehr verbreitet. Peire Rogier hält sich ihr ziemlich fern. Ein Fall davon mag sein: *tol te d'aisso, ia t'er tot a morir* 4,20 noch zweifelhafter ist 1,29; 3,9; 4,29, 30; 5,36, wie man denn bei den Trobadors überhaupt oft zweifeln kann, ob an einer Stelle bewusstes Hervorrufen der Klangwirkung stattfand oder nicht. Jedenfalls absichtlich ist in 7,25, 26 die Gegenüberstellung der vom Sprachgebrauch gelieferten alliterirenden Verbindungen *ioy, ioc*: *planh, plor*.

Ein anderes Streben geht auf Zusammenstellung reimender und assonirender Wörter innerhalb des Verses. Auch hier werden viele Verbindungen von der Sprache fertig geliefert: *sai e lai* 5,26; 8,36, *tan ni quan* 5,17. *Gran afan* 5,30 ist sehr häufig bei den Trobadors, seltener *rir e bordir* 4,19; 7,3. Gewisse Wirkung wird auch schon durch ähnlichen Klang des vokalischen Elements erzeugt: *creys e nays* 1,4, *uey sai* 3,11, *lai ab lieys creys ioys* 3,9, *mais de lieys* 4,48.

Von dem schon bei Marcabrun vorkommenden, besonders aber dann von Raimbaut d'Aurenga gepflegten Suchen nach schweren

---

[1]) Bei Anwendung von Alliteration ist natürliches Gesetz, dass tonlose Präfixe übersprungen werden. Anlaute tonloser erster Stammessylben sind weniger ungeeignet den Stabreim zu tragen, da ihr Bedeutungsgehalt die Klangwirkung stützt. Wie *condugz ni dos: abras e bais* 9,5, *plagna-part-compagna* 9,13, 14, *afan ni fays* (G. v. Bornelh 73,5 W. I, 205), *los defragz els frunitz* (ib. 6,2 W. I, 211), *esproar los pros* (ib. 6,11 W. I, 212) u. oft.

Reimen hält sich Peire Rogier frei, wie sich denn von all den üblichen Reimspielereien der Trobadorkunst bei ihm nur der „verwandte Reim" findet, wenn nicht im ersten Liede das Zusammentreffen der Reime *uelh* und *uelha* sogar ein zufälliges ist.

Als verwandte Reimendungen möchte ich solche bezeichnet haben, deren betontes Element gleich ist, von denen aber éine durch eine angehängte tonlose Endung erweitert ist, so dass die verwandten Reime eine die grammatischen oder *rims derivatius* (die nach den Beispielen der leys von Wörtern gleichen Stammes getragen werden sollen) mitumfassende grössere Gattung bildeten.

Die üblichste Erweiterung ist die durch *-a;* doch muss die Erweiterung nicht stets sylbenbildend sein. Im 16. Liede Raimbaut's von Orange haben dieselben (hier übrigens nur weiblichen) Reimwörter bald Nominativ-, bald Obliquus-form. Dasselbe Gedicht zeigt uns grammatische weibliche Reime derart, dass der gleichen Stammsylbe einmal tonloses *a,* das anderemal tonloses *e* folgt.

Der verwandte Reim findet sich schon bei Cercamon (No. 3), sodann bei Marcabrun (No. 30, Str. 5, 6 und 9, 10; No. 11), bei Raimbaut d'Aurenga (No. 5; 39), Peire d'Alvernhe (1; 6) etc.

Durchgeführten grammatischen Reim vermag ich erst bei Bernart von Ventadorn und bei Raimbaut d'Aurenga nachzuweisen [1]), bei diesem im 22. und 26., bei jenem im 7. und 9. Gedicht. Auch Beatritz de Dia hat ihn in ihrem ersten Liede. Bei Peire Rogier findet sich nur in Strophe 5 und 6: *uuelh: uuelha, tuelh: tuelha;* zu *erguelha* Str. 1 steht in Str. 4 *erguelh.*

Ein seit ältester Zeit und in ihr besonders beliebtes Kunstmittel ist der Refrain, das Festhalten eines Wortes an bestimmter Stelle der Strophe durch das ganze Gedicht. Der Refrain leitet den Gedanken immer wieder auf Eines zurück, dies muss daher dem Inhalt des Gedichts bedeutungsvoll sein.

Das älteste Beispiel des Refrains ist bei Wilhelm von Poitiers im sechsten Liede (*am*). Marcabru hat ihn in 3 (*saucs*), 18 (*escoutatz*), 19 (*cujar*), 28 (*vilana*), 33 (*lavador*); Jaufre Rudel in 2 (*lonh,* sogar zweimal in jeder Strophe); Bernart von Ventadorn in 13 und 44 (*amor*), 41 (*cor*); Peire d'Alvernhe in 1 (*vert*), 3 (*conja*),

---

[1]) Nach Suchier Jahrbuch XIV, 291 hat Marcabrun in *Contra l'ivern que s'enansa* grammatischen Reim.

22 (*merce*, der Refrain ist nicht überall durchgeführt); Raimbaut d'Aurenga in 14 (*malastruc*), 21 (*deing*), 27 (*genta*), 36 (*lenga*), 39 (*iotglar*), 41 (*gaug*). Ueber das sechszehnte Lied s. oben p. 20.

Bei Peire Rogier weisen drei Gedichte Refrain auf, ein im Verhältniss zur geringen Zahl der überlieferten Gedichte häufiges Vorkommen. Im zweiten Liede besingt er die Geliebte als die, welche ihm „Leben" spendet; *viure* ist der Refrain des Liedes. Im dritten sagt er, wie die Liebe zu seiner Dame ihm Quell aller Freude und alles Werthes und nur von Freude und Werth (*ioy e pretz*) sei (in der zweiten Tornada dieses Gedichts macht übrigens der Refrain dem mit ihm reimenden Versteckvamen Platz). Im sechsten führt der Sänger die Worte immer wieder auf „sie (*liey*)" zurück, zu deren Preis er singt.

Da das lyrische Lied (in der Regel) Erzeugniss und Ausdruck éiner Stimmung, innerhalb deren Grenzen die Gedanken sich um das, welches ihr Anlass war, aneinanderreihen, ist, so darf der Gesang, dem Bleiben der Grundstimmung folgend, bei éiner Melodie, in welcher jene zum ersten Male Ausdruck gewann, beharren; und diesem Beharren entspricht die strophische Gestaltung des Liedes, die deshalb der lyrischen Dichtung in erster Linie eigenthümlich ist. Da, wo die Stimmung selbst keine geklärte ist, wo ein Widerstreit verschiedener stattfindet, herrscht auch die Strophe nicht mehr; das Lied strömt in gelösten Formen dahin; so der Descort der Provenzalen.

Die musikalische Strophe besteht, wenn wir von den kaum anders als in der Volkspoesie vorkommenden kürzesten Formen absehen, aus untereinander in Abhängigkeitsverhältnissen stehenden Sätzchen, sie ist in Theile zerlegbar. Da aber die musikalische Strophe den Worten wiederholt zu Grunde gelegt wird, zwingt sich das Gesetz ihrer Theilverhältnisse auch dem gedichteten Worte auf, im Metrum sowohl, wie in der Abhängigkeit der Verse von einander, und deshalb nicht nur der Form nach, sondern auch dem Gedanken: Pause in der Melodie bedingt Pause des Gedankens. So ist denn das Entscheidende für den Bau der Strophe die Musik, und kann man gleich aus Reimordnung und Metrum Schlüsse auf die Eintheilung des musikalischen Satzes ziehen, so sind doch solche Schlüsse wenigstens so lange hypothetisch, wie nicht durch zahlreichere Vergleichungen das wechselseitige Verhältniss festgestellt ist.

Zwei Trobadormelodien standen mir zu Gebote: die warm empfundene, stimmungsvolle zu Gaucelm Faidit's Klagelied auf König Richard (Ambros Gesch. der Musik [2] II, p. 226, leider sie allein von provenzalischen Melodien zieht sich seit hundert Jahren durch alle ausführlicheren Musikgeschichten) und die zu Bernart's von Ventadorn: *Quan vey la lauzeta mover* (Rayn. Handschriftproben im Choix II).

Das Gedicht Gaucelm Faidit's hat diese Reihe zehnsylbiger Verse: a b a c‿ c‿ b b d d. Die Musik aber hat zehn für neun Reihen des Textes. Die Worte der letzten werden auf anderen Noten wiederholt. So wären alle Versuche die Strophe dem Texte nach in ihre Theile zu zerlegen verfehlt. Bernart's Lied hat acht achtsylbige Verse in dieser Ordnung: a b a b c d c d. Reimordnung und oft die Sinnesabschnitte sprechen für Eintheilung in zwei pedes und zwei versus. Die Melodie zeigt, dass kein Theil in ihr wiederholt wird; also weder pedes noch versus nach Dante's Ausdrucksweise liegen vor.

Sind diese beiden Strophen nun als ungetheilte zu bezeichnen, wie es der Dante's Terminologie folgende Brauch will, indem er nur solche getheilt nennt, in welchen ein Abschnitt der Musik wiederholt wird? Es ist undenkbar, dass eine aus acht, bezüglich zehn Reihen bestehende musikalische Strophe keinen stärkeren Einschnitt in sich gehabt habe, und es ist an sich gleichgültig, ob ein durch einen Einschnitt abgetrennter Theil der Melodie wiederholt wird oder nicht. Getheilt wird jede längere Strophe sein; für die durch Wiederholung ausgezeichnete Unterart der Theilung mag man den Namen „Gliederung" zurückbehalten.

Das Verhältniss der einzelnen Abschnitte zu einander kann sich natürlich sehr mannigfaltig gestalten; bei langgezogenen Melodien ist die Selbständigkeit der einzelnen Zeilen als grösser zu vermuthen, bei belebterer Musik werden mehrere Verse von einem musikalischen Sätzchen zusammengefasst und diese Sätzchen treten in verschiedene Verhältnisse zu einander.

Im Lied Gaucelm Faidit's gehören zunächst v. 1 und 2, 3 und 4 musikalisch enger zusammen. Dann folgen zweimal drei Zeilen, bei denen man bemerken wird, dass beidemal der dritte Vers zu den zwei vorhergehenden in anderem Verhältniss steht, als diese untereinander, so dass also diese Strophe, welche man den Reimen nach als ungetheilte bezeichnet hätte, in der Musik symmetrischen Aufbau von

(2+2)+([2+1]+[2+1]) = ab, ac‿; c‿b—b, dd—d

zeigt. Im Lied Bernart's gehört Zeile 1 und 2 zusammen, z. 4 weniger eng mit 3. Mit z. 5 beginnt ein neues Sätzchen, z. 7 und 8 bilden den Schluss:

(2+2)+(2+2) = ab, ab; cd, cd.

Leider werden wir bei den für die Kenntniss der Trobadormusik spärlich fliessenden Quellen oft gezwungen sein auf die Hülfe der Musik zu verzichten, am häufigsten für die ältere Zeit, wie denn auch von Peire Rogier keine Melodie überliefert zu sein scheint. Dasjenige, welches uns in diesem Fall am ersten Unterstützung verspricht, ist folgendes:

1) Die Sinnesabschnitte. Bei den engen Beziehungen zwischen Composition und Dichtung müssten natürlich die Sinnesabschnitte in provenzalischen Liedern viel genauer mit den formalen Theilen der Strophe übereinstimmen, als es bei der von der Musik losgelösten Dichtung nöthig und der Fall ist, und das Fehlen dagegen ist tadelnswerther dort als hier. Dass es trotzdem die Trobadors nicht eben genau damit nahmen, zeigt die Beobachtung. Man sehe Gaucelm's Text, der in Strophe eins bis vier gute Eintheilung zeigt, sie aber in fünf und sechs vernachlässigt. Je selbständiger das Verhältniss der musikalischen Zeilen zu einander ist, desto leichter darf sich das syntactische Verhältniss der Verse in verschiedenen Strophen verschieden gestalten.

2) Die Tornada. Diese kann nicht mitten in einem Sätzchen anfangen. Wo sie beginnt, musste wenigstens ein leichterer Einschnitt der Melodie sein. Im Liede Gaucelm Faidit's z. B. könnte sie schwerlich mit z. 6, 7 oder 9 beginnen; in der That fängt sie beim grossen Abschnitt mit z. 5 an. Die Regel, welche die leys I, 338 f. über die Länge der Tornada geben, beruht so auf Aeusserlichkeiten, dass sie werthlos ist, woran ihr Zutreffen in vielen Fällen nichts ändert.

3) **Anordnung der Reime** und

4) **Metrischer Aufbau** der Strophe. Die Möglichkeit aus der Anordnung der Reime auf den Bau der Strophe zu schliessen, setzt gesetzmässigen Wechsel verschiedener Reimverhältnisse voraus; verschiedenartig, insofern sowohl Wiederkehr gewesener als Eintreten neuer Reime statthaben muss, a b a b und a a b b gegenüber immer gleichem a a a a und immer ungleichem a b c d etc; die verschiedenartigen Verhältnisse müssen wechseln, denn folgen sich stets a b a b a b .... oder a a b b c c .... so sind Schlüsse unmöglich; und der Bau der Strophe wird sich erst dann in der Reimfolge zu erkennen geben, wenn im Wechsel der Reimverhältnisse Gesetzmässigkeit ersichtlich ist (wie besonders in der gegliederten Strophe), und das Erkennen wird um so sicherer sein, je grösser die Reimgruppen sind, auf die sich die Gesetze erstrecken.

Das von den Reimen Gesagte überträgt sich auf die Metren, nur wird aus ihnen, da sie weniger wechseln als die Reime, noch seltener selbständig zu schliessen sein.

Unter den Liedern Peire Rogier's lassen einige **Abschnitte dem Sinne nach** bemerken. So haben alle Strophen des ersten Liedes (mit alleiniger Ausnahme der 4.) eine stärkere Interpunktion nach dem vierten Vers; die Strophen zerfallen in 4+3. Die gleiche Theilung ist im achten Liede zu erkennen. Das zweite Lied zerlegt sich in 4+5; im dritten scheinen die ersten fünf und die letzten fünf Verse unter einander zusammenzugehören. Dazwischen aber steht eine Zeile, welche sich bald diesen, bald jenen anschliesst. Vielleicht zerfielen dann die letzten fünf Verse nochmals in 3+2, wie denn nach dem Refrain das Eintreten einer kleinen Pause, welche demselben zu höherer Wirkung verhülfe, ganz angemessen wäre. Bei den anderen Liedern liegen — zum Theil durch Schuld der die Strophe in kurze unabhängige Sätzchen auflösenden Wechselrede — die Verhältnisse noch ungünstiger als im dritten.

Die **Länge der Tornaden** stimmt in den vier genannten Liedern mit der dem Sinne nach zu vermuthenden Theilung überein. Zu bemerken ist, dass sie im dritten Gedicht den in der Mitte stehenden Vers nicht mitumfasst, und dass sie im zweiten nur

3 Verse enthält, so dass nach dem sechsten das Beginnen eines kleineren Abschnitts in der Musik anzunehmen ist[1]).

Die Aussicht in der Ordnung der Reime bei Peire für den Strophenbau wichtigen Anhalt zu finden, muss gering sein. Unser Dichter verwendet eine im Verhältniss zur Strophenlänge grosse Zahl von verschiedenen Reimen, seine Strophen sind reich an Körnern und die Reimordnung solcher Strophen ist einem Untersuchen der Eintheilung naturgemäss wenig günstig. In der Anwendung zahlreicher Körner steht Peire Rogier Raimbaut von Aurenga nahe. Guilhem von Poitiers und Marcabrun pflegen sich mit sehr wenigen Reimen zu begnügen (s. Einltg. zu No. 9). Der erstere hat nur in No. 10 ein Korn. Marcabrun gebraucht schon in meh-

---

[1]) Die Bemerkung über eine auch bei Peire Rogier erscheinende Eigenthümlichkeit der Tornada sei hier gelegentlich eingeschaltet. Wie nämlich in der Form sich die Tornada als Nachklang der letzten Strophe darstellt, so finden wir sie auch zuweilen in den Worten zu einem Nachklang derselben gestaltet; am auffallendsten in Guilhem von Poitier's Lied: *Compagno, non puosc mudar qu'eu no m'esfrei.* Die letzte Strophe ist:

Non i a negu de vos ja·m desautrei:
S'om li vedava vi fort per malavei,
Non begues enanz de l'aiga que·s laisses morir de sei.

Die Tornada:

Chascus beuri'ans de l'aiga que·s laisses morir de sei.

Aehnlich bei Jaufre Rudel: *Lanquan li jorn son lonc en mai.* Letzte Strophe:

mas so qu'eu uuolh m'es tant ahis,
qu'enaissi·m fadet mos pairis,
qu'ieu ames e non fos amatz.

Tornada:

mas so qu'ieu uuolh m'es tant ahis,
totz sia maudituz lo pairis,
que m fadet qu'ieu non fos amatz.

Sodann bei Bernart von Ventadorn: *Lanquan vei la foilla*, schon weniger ausgeprägt in desselben *Chantars no pot gaire valer;* man vergleiche auch sein *Tuit sil que·m pregan qu'ieu chan; Amors e que·us es vejaire;* Raimbaut d'Aurenga: *Un vers farai de tal mena* und *Compaigno qui qu'en iraiss.* Die Eigenthümlichkeit scheint bei den älteren Trobadors mehr beliebt gewesen zu sein, als bei späteren, wenngleich sie sich auch bei diesen trifft. Bei Peire Rogier erinnert an sie die Tornada des siebenten Liedes und in geringerem Masse die letzte des zweiten. Hier beschränkt sich die Uebereinstimmung auf gleiches Ausklingen der letzten zwei Verse der beiden Tornaden untereinander. Anders als in den erwähnten Fällen finden wir Ged. 635 die Anfangsverse der letzten Strophe von der Tornada wiederholt.

reren Gedichten Körner, aber es sind im Verhältniss zur Strophenlänge nur wenige: eins in 20, 26, 30, 32, 36, 37, 38, 40 (41 gleich 20); zwei in 1, 2, 10, 11, 33, 34, 35; drei in 36. Cercamon hat eins in 3, zwei in 4, drei in 2; Bernart von Ventadorn eins in 5, 13, 15, 20, 30, 35, 42, 45; zwei in 16, 21, 38; drei in 18, 26, 27; vier in 7; sechs in 3; auch Jaufre Rudel hat einmal drei Körner auf sieben Zeilen.

Das einzige Lied Peire's, welches auch in seiner Reimfolge leicht die Regelmässigkeit des Baus erscheinen lässt, ist No. 2 mit seiner Form a b a b | c d c d E. Mit dem Eintreten von c beginnt der zweite Haupttheil. Von den anderen Gedichten steht noch am nächsten das achte: a b b a | c c d. Im ersten wird das Beginnen des neuen Theils wenigstens durch Rückgreifen auf den Anfangsreim angezeigt: a b c‿d | a c‿b'‿. Aber mit Ausnahme des zweiten Liedes dürfte man bei keinem mit dem Verhältniss der Reime eine Eintheilung der Strophe begründen, und entsprechend verhält es sich mit den Metren. Auch sie gestatten nur im zweiten Liede einen Schluss auf den Bau der Strophe.[1]).

Unter Berücksichtigung alles Erwähnten würden etwa folgende Schemata ein Bild der Formen von Peire Rogier's Gedichten geben:

1.	2.	3.	4.	5.
VII d.	VII d.	V d.	VII d.	VI d.
7 a	5‿a	8 a	10 a	8 a
7 b	6‿b	8 b	10 b	8 b
7‿c	5‿a	8 b	10 b	8 b
7 d	6‿b	4 c	10 c	8 c
7 a	7 c	8 c	10 d	8 d
7‿c	8 d	8 d	10 d	8 d
7‿b'	7 c	4 e	10 e	8 e
	8 d	4 e		
	6‿E	8 D		
		8 f		
		8 f		

[1]) Zu bemerken ist bei diesem Liede, dass, so häufig die Verbindung des achtsylbig männlichen mit dem siebensylbig weiblichen und des siebensylbig weiblichen mit dem siebensylbig männlichen Vers ist, die Verbindung von acht- und siebensylbig männlichen zu den seltenst vorkommenden gehört. Finden sie sich in einer Strophe zusammen, so pflegen sie entweder durch einen siebensylbig weiblichen Vers vermittelt zu werden, oder aber es liegt eine Pause zwischen ihnen. Die einzigen Fälle, die ich von ihrer Verbindung weiss, sind

6.	7.	8.	9[1].	
VII d.	VII d.	VII d.	? × 1	
			Str. 1. 2. 4. 5.	Str. 3. 6.
8 a	⎧8 a	⎧8 a	7 a	⌣ a
8 b	⎨8 b	⎪8 b	7 a	⌣ a
8 a	⎩8 b	⎨8 b	7 a	⌣ a
8 c	⎧8 c	⎩8 a	7 a	⌣ a
8 d	⎨8 d	⎧8 c	7 a	⌣ a
8 e	⎩8 e	⎨8 c	7 b	b
8 e		⎩8 d		
8 F				

NB. Die römische Ziffer bezeichnet die Anzahl der Strophen, das d dahinter, dass die Reime durch alle Strophen gehende sind, die Querstriche geben den Umfang und die Zahl der Tornaden an, die Klammern die muthmasslichen Abschnitte des musikalischen Satzes. Den verwandten Reim bezeichne ich durch Buchstaben mit Strichen (b' in No. 1, für grammatischen Reim ist die Verwendung der entsprechenden griechischen Buchstaben zweckmässig), Refrainreime mit grossen Buchstaben (deren gewöhnliche Verwendung zur Bezeichnung von Versen ungleicher Länge deshalb nicht praktisch ist, weil man durch sie nicht die Quantität der Verschiedenheit anzeigen kann; wo verschiedenlange Verse vorkommen, müssen deren Masse mit Zahlen angegeben werden).

Es ist bekannt, dass die Trobadors jedem Liede individuelle Form zu geben pflegten (Peire d'Alvernhe: *Anc chans no fon fort fis ni bos, que ressembles d'autruy chansos.* in *Chantarai pus vey qu'a far m'er*), eine Thatsache, die sich beim engen Zusammenhang von Musik und Dichtung aus dem Erfinden einer neuen Melodie natürlich erklärt. Als diese beiden sich später trennten, fiel auch das Interesse am Schaffen neuer Formen, das dem inneren Gehalt der Dichtung nur Fesseln anlegen konnte. Freilich ist bekannt, dass das Gesetz der individuellen Formen nicht für alle Dichtungsarten in gleicher Weise gültig war (s. p. 13), und auch ausserhalb des Sirventes finden sich Fälle der Uebertretung; so bleibt uns denn noch zu untersuchen, ob Peire Rogier in den Formen von einem anderen Dichter nachgeahmt wurde, oder ob er selbst dem Ueblichen zuwider eines Anderen Formen gefolgt ist.

folgende: No. 106, 9; 132, 1, 11; 156, 10; 217, 3; 240, 6; 386, 1, 3; 421, 8 437, 12.

[1]) a wechselt, b bleibt.

Für mehrere seiner Lieder habe ich keinerlei Gleichheiten gefunden, es sind die Nummern 2, 5, 6, 7 (und 9).

Mit dem ersten hat Jaufre Rudel's *Quan lo rius de la fontana* grosse Aehnlichkeit. Die Form dieses Liedes ist:

7‿a
7 b
7‿c
7 d
7‿a
7‿c
7‿e

Die Unterschiede sind, dass a bei Jaufre weiblich ist, und dass e mit b keine Verwandtschaft zeigt, wenn nämlich Verwandtschaft der Reime von Peire beabsichtigt war. Was der Annahme einer Nachahmung Jaufre's durch Peire nicht günstig ist, ist der Umstand, dass bei jenem in Str. 3 und 4 a b und c d ihre in Str. 1 und 2 gehabten Plätze austauschen. Diese Künstlichkeit hätte sich ein Nachahmer nicht entgehen lassen dürfen. Der Annahme einer umgekehrten Nachahmung Peire's durch den Anderen aber scheint die Chronologie nicht günstig. Stimming setzt die Entstehung des Liedes Rudel's zwischen 1147 und 1160, nach Suchier (Jahrb. XIV, p. 129) wäre Jaufre sogar schon 1148 gestorben.

Gleiche Reimfolge mit No. 3 kommt zweimal vor, in Cadenet's: *Aisso·m dona ric coratge* und in einer Strophe Raimon Vidal's, die er selbst in seiner Novelle *En aquel temps, com era iays* mittheilt, und die *Lus e dimartz mati e sers* beginnt. Aber beide Strophen sind verschieden im Versmass, eine Einwirkung eines der 3 Gedichte auf ein anderes ist daher nicht anzunehmen.

Gleich in Reimordnung und Metrum mit No. 4 ist Guiraut Riquier No. 29: *Fis e verays e pus ferms que no suelh.* Doch sind die Reime anders als hier, und da wenigstens ähnliche Reimfolgen nicht selten sind (ganz gleich nochmals bei G. Riquier 49 bei siebensylbigen Versen, a b b c d d e e derselbe 13 und Raimon de Miraual 34, a‿b b c‿d d e‿ Guiraut von Calanso 9, ähnlich schon Cercamon 3: a‿b b c‿d d a‿ etc.), so ist zufälliges Zusammentreffen wahrscheinlicher als Nachahmung.

Dem achten Gedicht entsprechen am meisten Lieder anderer Trobadors. Selbstverständlich ist die Uebereinstimmung von Raimbaut's Antwort[1]). Ausser ihr aber sind ihm noch vier Lieder in Mass und Reimordnung gleich: Jaufre Rudel: *Bels m'es l'estius e·l*

---

[1]) Doch ist zu bemerken, dass Raimbaut andere Reime verwendet als Peire Rogier. Ist unter solchen Umständen die Gleichheit der Melodie gewiss?

temps floritz, Bernart von Ventadorn: *Anc no gardei sazo ni mes,* Guillem Ademar: *Be for'oimais sazos e locs,* Raimbaut de Vaqueiras: *Las frevols venson lo plus fort.* Die Reime sind aber in allen verschieden, die Form ist ziemlich einfach und so sehe ich auch hier nicht die Nothwendigkeit Entlehnung anzunehmen. Zu beachten ist für dieses Lied, dass es sich in Handschrift R unter Melodie und Text von Arnaut de Tintignac: *Lo joi comens en un bel mes* findet, dessen Versmass gleich und dessen Reimordnung nahe verwandt, die umgekehrte: a b b c d d c ist.

Von mehreren seiner Lieder sagt uns Peire selbst, welcher Dichtungsart wir dieselben zuzurechnen haben. Das zweite, vierte sechste und siebente Lied bezeichnet er als *vers.* Ueber die Anforderungen, welche die Theorie an den *vers* stellte, unterrichtet uns bekanntlich besser als die leys Aimeric von Pegulhan im Gedicht *Mantas vetz sui enqueritz.* Es werden nach ihm vom *vers* streng genommen männliche Verse, eine lange (leys: lange, ruhige und neue) Singweise verlangt; in Verslänge und Tonart bestanden Unterschiede zwischen dem *vers* und der Canzone. Diesen Anforderungen fügen sich, soweit wir überhaupt sehen können, No. 4, 6, 7 bei Peire Rogier. Sie besitzen nur männliche Reime. Im gleichfalls als *vers* bezeichneten zweiten Liede aber hat mehr als die Hälfte der Verse weiblichen Ausgang und der kurze Wechsel vier verschiedener Verslängen spricht eher für eine bewegte als für eine ruhige Melodie. Wenn Peire auch dieses Lied einen *vers* nennt, so scheint er das Wort noch in der alten, in den Biographien Marcabrun's und Peire's von Auvergne erwähnten Weise zu gebrauchen, wonach es einen umfassenderen Begriff bezeichnete, als es später bezeichnen sollte, denn das genannte Lied Aimeric's von Pegulhan beweist, dass auch später wenigstens nicht alle Trobadors die eingeschränkte Bedeutung des Wortes anerkannten.

Biographie.

Die Biographie Peire Rogier's steht in den Handschriften A 107, B 107, E 189, J 12, K 2, R 3. Dazu kam in jüngster Zeit noch die in der Rev. des langues rom. XIX beschriebene: Cheltenham Sir Th. Philipps 1910 (s. l. c. p. 275), welche ich nicht mehr benutzen konnte. Ihr Inhalt soll aber mit dem der hier mitgetheilten Handschriften der Biographie wesentlich übereinstimmen.

Gedruckt ist die Biographie Choix V, 330, Parn. Occit. 24, Werke I, 117, Biogr.[2] No. 12.

Peire Rotgiers si fo d'Aluergne; e fo canorges de Clarmon, e fo gentils hom e bels et auinens e sauis de letras e de sen natural, e cantaua e trobaua ben, e laisset la canorga e fetz se ioglars. et anet per cortz e foron grazit li sieu chantar. e uenc s'en a Narbona en la cort de ma dompna n'Esmengarda, que era adoncs de gran ualor e de gran pretz, et ella l'acoillic fort (ben) e·l

---

Die eingeklammerten Worte sind nur in B zu finden.

1. rotgier EM. rogiers JK. — si *f.* R. — beide mal e fo *f.* R. — 2. g.] bels R. — bel E. — e bels *f.* R. — auinen E. — sauis hom de A. — 3. cantaua be JK. — e tr. *f.* AB. — e. l. l. c. *f.* R. — iotglar E. ioglar JKR. — 4. e fō mot grazitz R. — sei E. — l. s. c *f.* R. — 5. Nerbona A. — na dona eimeniarda E. na esmēiartz R. — ermengarda JK. — adoncx *f.* AR. — 6. e de g. p. *f.* R. — 7. el h. *f.* JK. —

honret e·ill fetz grans bens. et el s'enamoret d'ella e·n fetz sos uers e sas chansons: et ella los (receup e·ls) pres en grat. et el la clamaua Tort-n'auetz. lonc temps estet ab ella en cort e si fon crezut q'el agues ioi d'amor d'ella, don ella en fo blasmada per las gens. e det li comiat e·l partit de si. et el s'en anet a·n Raembaut d'Aurenga, si cum el dis e·l siruentes q'el fetz de lui, que ditz:

Seign'en Raembaut, per uezer
de uos lo conort e·l solatz,
sui sai uengutz tost e uiatz,
mai que non sui per uostr'auer;
que saber uoill qan m'en irai,
s'es tals lo gabs cum hom lo fai,
si n'i a tant o meins o mai
cum aug dir ni comtar de uos.

lonc temps estet ab en Raembaut d'Aurenga. (e puois s'en partic de lui) et estet en Espaigna ab lo bon rei Amfos

---

e de gr. pr. bis bens] qeil fetz gran ben e gran honor A. — grā be R. — el *f.* JK. — en] e EJK. — fazia A. — sos] ses JK. — 8. s. u. e. *f.* A. — nach ch.] della BEJK. — e. l.] ela̤l R. — 9. el *f.* JK. — e. l. c.] apellaua la B. — Tort-mauetz B. — von chansons (excl.) bis T. *f.* A. — ab] com EJK. — en cort ab ella A. — 10. e si] don A. e R. — crezutz J. — dela vor ioi R. — en *f.* AR. — 11. p.] de R. — p. l. g. *f.* A. — e sill dit comiar E. el det c. R. — p. la gen daquella encontrada e per temor del dit de la gen sil det c. JK. — e. p. d. s. *f.* A. e p. lo d. s. B. — el si s. a. ER. — s. a. dolenz e pensius e conssiros e marritz JK. — 12. raimbaut E. rambaut JK. raymbaut R. — Aurenca R. — R nur: dis ē. I. loc. — 13. q. d. *f.* JKR. — 14. senher E. seingner JK. — rambaut B. raimbaut E. ranbaut JK. raymbaut R. — 15. d. u.] deuetz R. — s.] saber JK. — Hier endet das Citat in R. — 16. Mit uengutz endet das Citat in E. — 18. partrai JK. — 20. Si nes (E senes JK) plus o m. AJK. — 21. JK theilen noch folgende Verse mit:

Tant ai de sen e de saber
e tant sui sauis e menbratz
quant aurai uostres faiz gardatz
qual partir en sabrai lo uer
ses tals lo caps com hom retrai
quen queron men lai entrenos.

Dann schliesst die Biographie in JK. K leitet die Gedichte mit diesen Worten ein: E fez aquestas cansons que uos auzirez scriptas sai desotz.

22. El estet l. t. B. — e. R.] el R. — 23. estet bis ab] anet sen estar ab B. —

d'Aragon. et (pois estet) ab lo bon comte Raimon de Tolosa (tant qant li plac et el uolc). gran honor ac e·l mon tant cum el i estet, e pois se rendet a l'orden de Granmon e lai el fenic.

---

24. d'A.] de castela et ab lo rey nanfos darago R. — 25. g. h. al mon ac A. mout ac g. h. e. m. B. — 26. e] mas ER. — p. el s. A. — a] en B. — 27. el *f.* R. — f.] definet ER.

R fügt als Uebergang zu den Gedichten hinzu: et aysi a de sa obra.

Lieder.

1.

Gr. 356, 1.

Das Gedicht wird überliefert durch die Handschriften A 108, B 108, C 195, D 3, E 173, J 12, K 2, M 196, R 26, c 82. In c wird es Peire Bremon zugeschrieben, in allen andern Peire Rogier.

Gemeinschaftliche Abweichungen lassen von diesen zunächst AB, DJK und CR als Gruppen erkennen, von denen die ersten beiden wohl auf einen Typus zurückgehen. vv. 2, 13, 27, 30, 48 enthalten die für diese Verhältnisse entscheidenden Varianten.

E wird durch v. 27 zu DJK gestellt; minderes Gewicht haben die Lesarten in 12 und 28, wo es sich mit R berührt.

Die Abweichungen von M sind nicht derart, dass die Hds. mit Bestimmtheit einer jener 3 Gruppen beigegeben werden könnte[1]). Am nächsten steht sie R (v. 1, 22, 27, 30, 34, 35), in 6, 13, 17, 26 dagegen theilt sie mehr orthographische Varianten mit E und in 19 stellt sie sich mit AB gegen die übrigen Mss.; mit M ist c nahe verwandt (v. 30). R noch näher als M steht es in 27 und 38. In 30 und 34 scheinen alle drei auf éine Vorlage zurückzugehen; in v. 2 dagegen stimmt c mit DJK überein. Hemmend bei der Untersuchung von c ist das Fehlen der 2. und 7. Strophe und der Tornada.

Gedruckt ist das Gedicht bei Rayn. III, 27 und W. I, 119. M. G. 1401 nach B.

---

[1]) Ueber das Verhältniss von MRc s. unten No. 6.

Al pareyssen de las flors,
quan l'albre·s cargon de fuelh,
e·l tempz gens' ab la uerdura
per l'erba, que creys e nays:
doncx es a selhs bon' amors,
qui l'an em-patz ses rancura,
q'us ues l'autre non s'erguelha.

Bos drutz non deu creir' auctors
ni so que ueiran sey huelh
de neguna forfaitura,
don sap que sa dona·l trays;
so que ditz qu'a fait alhors,
creza, si tot non lo iura,
e-sso que·n ui dezacuelha.

Qu'ieu uei de totz los melhors
qui senpr' en deuenon fuelh,
qu'enqueron tan lur dreytura
tro que lur dompna·s n'irays.
e·l ris torna·ls pueys en plors;
e·l. folhs per mal' auentura
uai queren lo mal que·l duelha.

In E ist der Text durch Ausschneiden einer Initiale verstümmelt. v. 1—3: .... de las flors .... lbres cargon .... l. el tems gē .... uerdura. In der Folge bezeichne ich ausgeschnitten durch †.

1. Eral M. Er R. Initiale *f.* B. — parissen J. pareysson R. pariscen c. — 2. lalbre cargon del DJKc. — fuelhs R. — 3. g. a.] gensa c. — gen sap reuerdura R. — 4. lerba † E. — qi c. — 5. Don M. Adoncx c. † E. — a. s.] aysel R. — 6. Que EM. q̄ A. — lam D. la c. — Quera partitz R. — ses † E. — 7. ues † E. — sergoilha (von andrer Hand:) gueilha M. sescuelha R. — In ABDJKc reimt der zweite v. jeder Strophe auf -uoill, der siebente auf -uoilla.

8—14. *f.* c. — 8—11. .... re auctors ni so q̄ .... neguna forfaitura. don .... l trais. E. — 8. Mos J. Initiale *f.* K. — creira D. — autors ABDJK. autcors M. — 9. que *f.* D. — 10. forfaçura M. — 11. Dom D. — que] de M. — treys C. — 12. que *f.* K. — dis ABCDJK. — qa dich qe fach M. — 13. Crezā R. — t. n.] nonca ABDJK. noca EM. — loi E. — l. i.] latura R. — 14. qel M. — d.] li descueilha M.

15. Que D. — ui ABDEMR. — 16. Qe Mc. q̄ AB. — sens en c. — deuene M. — Que afolan lur capduelh R. — 17. Que queron EM. Qim queron J. Quin queron K. — tan *f.* c. — Car tan queron R. — 18. que *f.* R. — n' *f.* D. — 19. torna ABM. ē deue R. tornal c. — en *f.* R. — plor JK. — 20. Els c. — fals R. — p.] ab M.

Qu'amors uol tals amadors,
que sapchon sufrir erguelh
en patz e gran desmezura;
si tot lor dompna·ls sostrays,
paucs plagz lur en sia honors,
quar si·l sap mal ni·s atura,
ylh querra tost qui l'acuelha.

Per aquest sen suy ieu sors
et ai d'amor tan quan uuelh,
quar s'elha·m fay gran laidura,
quant autre·s planh, ieu m'apays.
si tot s'es grans ma dolors,
sofier tro qu'elha·m melhura
ab un plazer qual que·s uuelha.

Mais uuelh trenta dezonors
q'un'onor, si lieys mi tuelh,
qu'ieu suy hom d'aital natura,
no uuelh l'onor que·l pro lays.
ni ges no·m laissa·l paors,
don mos cors non s'asegura,
qu'ades cug qu'autre la·m tuelha.

De mon dan prec mos senhors,
mas l'amor de midons uuelh,

---

22. Quamor CE. Damor R. — tal JMR. — 23. Qui BDJK. — 25. l.] sa c. — dampnals DK. donnas M. dona R. — sestrais JM. sentrays R. sistrais c. — 26. Pauc DEJKM. — plag EMc. — lemsia c. — Atras ni merma sonors R. — 27. si c. — s. s. m.] sis laigna AB. — se il mais (früher war sil mal geschrieben, das später so corrigirt wurde) D. sil mais E. sil mas JK. — n.] sen D (auf Rasur). — rancura ABDEJKM. natura R. nabdura c. — 28. El ER. — queira CERc. — q. l'] qilh M.

29. sen] son M. — 30. t.] tot DJK. — E no sui ges cel qi sueilh Mc. E sō totz aitals com suelh R. — 31. silam B. selan R. — lidura C. — 32. plag c. — mē pays R. — 33. s'es] sos K. — 34. Suefre M. suefri R. sufrir c. — t. qu'e.] tant tro lam B. tant qelam M. — qella c. — 35. plazor D. plazers MR. — calsq̄s R. c.. ques E.

36. u.] nam c. — 36. 37. Camor tenc sim fai secors. silh de cuy yeu ges nom tuelh R. — 37. Cui honors c. — ses A. sel DJK. — noilh c. — 38. de tal Rc. — 39. Que no vuelh ges R. — pros R. — 40. non laissel M. — 41. cor c. — sanegura M. — 42. c.] tem R. — lem M.

43—52 *f.* c. — 43—49. De mon dan .... or de midons .... cura. que tro .... lt mi feira .... entura. mi .... E. — 44. lamors D. —

e que·l prenda de mi cura,
que trop es grans mos esmays.
molt mi fera gen secors,
s'una uetz ab nueg escura
mi mezes lai, o·s despuelha.

Peir Rogiers li quier secors,
e si·l mals longueitz li dura,
pauc uiura, qu'ades rauguelha.

2.

Gr. 356, 8.

Das Gedicht findet sich in A 23, C 195, D 3, J 13, K 2, M 194, N 176, R 27.

Ueber das Verhältniss dieser Handschriften ist folgendes zu sagen:

DJK bilden wie fast stets éine Gruppe. vv. 5, 41, 49 liefern den Beweis. Von ihnen stehen sich JK nach vv. 9, 26, 30, 35, 46 noch näher.

Auch AN haben wir auf éine Quelle zurückzuführen; dafür sprechen vv. 19, 40, 46, 58, sowie der Umstand, dass diese beiden das Gedicht Guiraut von Bornelh zuschreiben, obwohl beide die erste Tornada enthalten (alle anderen geben richtig Peire Rogier als Verfasser an).

Eine Verbindung der genannten zwei Gruppen wird durch vv. 51, 52 hergestellt. In 51 haben ADJK *natural* zum Reimwort; dasselbe ist schon v. 6 vorgekommen, wir werden *leial* aus CM vorzuziehen haben. N ist an dieser Stelle neutral. v. 52 dagegen hat N mit JK die Lesung *cug ques* bewahrt, während A zu Gunsten des Versmasses auswich.

Von den drei übrigen Handschriften vereinen sich M und R durch gemeinsame Varianten in vv. 7, 37; auch noch durch häufiges

45. pereigna K. aya R. — 47. g.] gran alle ausser C. — 48. a. n. e.] per auentura ABDEJK. senes falsura M. — Sim laysses de nueg escura R. — 49. mezeis J. — o·s] on D. — Esser lay ō se despuelha R.

50—52. Peire rotg .... guas li dura .... E. — 50. Peire rotgiers ABDJK. Peire rogier CM. Peirotgier R. — 51. Car R. — mal CJK. — longuas C. longues DK. lengues J. loindās M. gayre R. — 52. qu'a.] qestiers M. pueys nō R. — rauçuoilla ABDJK. iausueilha M. lacuelha R.

Abweichen beider nach verschiedenen Richtungen, wo C das Ursprüngliche bewahrte. Solche Stellen, an denen die Vorlage von MR also undeutlich gewesen sein wird, sind z. B. vv. 7, 11, 13, 15, 32.

In v. 49 haben CMN *quab* während A und DJK verschieden abweichen; *qan* in A wird aber vermuthlich auf ein *qam* = *qamb* zurückgehen, so dass AN wieder übereinstimmen.

V. 52 schliesst sich D mit *creaz ques*, den Hdss. AJKN gegenüber, CM an. Wir dürfen hier eine Correctur von D annehmen, auf Grund der Thatsache, dass die vierte Strophe in D am Schluss des Gedichts nach einer M ganz nahestehenden Handschrift zugefügt ist (s. vv. 29, 32, 34, 35).

Wenn das Verhältniss ist wie eben entwickelt, werden wir in v. 40 *iauzire* als Lesung der ersten Vorlage anerkennen müssen, *chauzire* in AN als eine Conjectur, die aber vielleicht aufzunehmen ist.

Gedruckt findet sich das Lied bei Rayn. III, 29 und darnach W. I, 120, nach A im Arch. 51, 20.

Tan no plou ni uenta,
qu'ieu de chan non cossire,
frei' aura dolenta
no·m tolh chantar ni rire,
qu'amors me capdelh' e·m te
mon cor en fin ioy natural,
e·m pais e·m guida e·m soste,
qu'ieu non suy alegres per al
ni alres no·m fai uiure.

Ma dompna es manenta
de so qu'ieu plus dezire;
del donar m'es lenta,
qu'anc no·n fuy may iauzire;
ben sai que pauc l'en soue,

---

2. Qe dun M. — 3. Aura freida A. Freydura C. Aura freia MN. Aura frey R. — d.] ni lenta M. — 4. Non D. — ch.] gabar M. solas R. — 5. c. e. t.] cabdolenta N. — e. t.] em rete C. anc se DJK. — 7. Qem MR. El N. — e. g.] em uest M. de ioy R. — em s.] e s. C. — 8. Que R. — sai M. si R. — alegrar M. — 9. reis JK. re R. — a. bis f.] per alre non sai M.

11. Daiso M. Des R. — 13. may] *f.* M. neys vor non fuy R. — 14. li M. liu R.

e ges no·m part ioc cominal,
qu'ilh pensa petit de me
et ieu trac per lieys mal mortal,
tal qu'a penas puesc uiure.

No trop qui·m guirenta
ni qui m·o auze dire,
q'un'autra tan genta
e·l mon se li ni·s mire;
ni d'autra non s'esdeue,
mas qu'om digua que re no ual,
qu'elha ditz e fai tan be,
q'una contra lieys no sap sal;
tal domna fai a uiure.

Si s'en fenhon trenta,
ges per so no·m n'ahire;
cuy que·s uol si·s menta,
qu'a mi·s denh'escondire;
qu'adonc sai ieu ben e cre
q'us non a dompna tan cabal,
quan quecx la lauza per se,
que s'el n'auia un'aital
ben pogra ses lieys uiure.

Greu planh mal que·n senta
drutz, quant es bos sufrire,
qu'amors es ualenta

---

15. ges nach p. M. fehlt R. — par ACMR. — p. de i. R. — 17. Et *f*. R. — trai M. tras R. — mortal mal M. — 18. Tal *f*. C. — que nō pos mais M.

19. tr.] es M. — quin N. — garenta AN. gairenta M. — 20. qim a. M. — aize N. — 21. Qe tant auinenta A. Cuna autrentā g. D. Cuna tretan g. JK. Cunatrita menta (?) N. — 22. s. l. n. m.] se remire M. nos li nes mire R. — 23. sēdeue R. — 24. res R. — r. n.] leis M. — 25. e. f.] estai M. e faitz N. — t. de be C. — 26. contrab JK. — sal] al M.

28—36 nach v. 63 D. — 28. freignon A. feignen J. — 29. so] tan DM. — non DN. — 30. Qui D. Qi M. Com R. — uoilla JK. — si A. *f*. JK. — 31. Camās R. — deigna A. dieng D. deu R. — 32. Adonc DM. E dōcx R. — 33. Quieu nō truep R. — 34. Car R. — quecx] quer N. — q. l. l.] chascus cor lai DM. — l. lor l. C. — 35. Qui JK. — si A. silh C. se DM. — s. n'a.] seigngues (?) N. — nagues AJK. nages DM. — artal N. atertal R. — 36. Ben *f*. R. — Poyria R. — pograb l. D. — ses *f*. M.

37. que DMR.

seluy que n'es chausire;
ergueth no uol ni mante,
ans qui lo·lh mostra, lieys non cal,
que mais n'auria ab merce
en un iorn qu'en dos ans ab mal
sel qu'ab erguelh uol uiure.

Si uns s'i prezenta,
que·l denh lonc sé assire,
ges no m'espauenta,
qu'ab mi l'ai a deuire,
que dona, quant en pretz ue,
deu auer fin cor e leyal;
e non crezatz que·s malme
contra son bon amic coral
als dias, qu'ay'a uiure.

E s'il fay paruenta
que·l guinh ni·l huel lor uire,
per so no·s guaimenta
mos cors ni·s mand'aucire;
que dompna fai manta re
per que plass'a totz per engual,
e quasq'un cum li coue
deu aculhir dins son ostal,
s'ab gran bontat uol uiure.

---

40. A sel R. — iauzire CDJKR. — Qant hom lleis gent seruire M. — 41. Qorgueilh M. — nil DJK. — E per erguelh nō m. R. — 42. l. n.] non lī R. — 43. Que *f.* M. — n'a.] conquer (über der Linie) D. — Car greu cre q̄ ses deue R. — 44. qu'en] qab M. — q̄ naya mas tormen ab mal R. — 45. Sal C. Cil M. — uol *f.* M.

46—54 *f.* R. — 46. Car sil sim presenta A. E sil fai paruenta D. Sanz un si p. JK. E sil representa M. Caisim si p. N. — 47. Qem A. Quil D. Quill JK. — aissire D. — 48. mesparuenta M. — 49. Qan A. Car DJK. — lai de uiure DJK. — 50. q. e.] quen C. qe M. — ue] mante M. — 51. e l.] natural ADJK. coral N. — Nach v. 51 wird in D v. 49 wiederholt. — 52. c. q.] cuich quelais A. cug ques JKN. — 53. Contral sieu A. Uas lo sieu M. Encontra son N. — bon *f.* M. — 54. A dias N. — qu'ay'] can T. qaia M.

55—63 *f.* M. — 55. E *f.* C. — Sol q̄ nols contēda R. — 56. nils huoils A. — li A. — Ab q̄ uas lor se u. R. — 58. nil AN. nim R. — 59. Ma C. — m.] man C. — 60. plass'] plassa A. platz C. — t. p.] tot rer D. — 61. cascus R. — lin R. — 63. Si ab C. Sa D Sam R. — beutat J.

Peir Rogiers per bona fe
tramet lo uers denant nadal
a sidons, que·l fai uiure;

Clama li per gran merce
qu'aprenda·l uers denant nadal,
s'ab ioy de lui uol uiure.

3.

Gr. 356, 6.

Das Gedicht wird überliefert in A 23, B 15, C 194, D 153, J 13, K 3, N 177, R 21.

Die Strophenfolge ist nicht in allen Handschriften die gleiche. In CR haben Str. 3 und 4 ihre Plätze gewechselt. Ich glaube der Reihenfolge in ABDJKN folgen zu dürfen. Ebenso wie in diesem Punkte gruppiren sich die Handschriften in den Lesarten. So zeigen gemeinsame Fehler: ABDJKN im Auslassen des 43. Verses, der in DJK nachträglich hinzugefügt wurde, und v. 49, dessen in der Vorlage fehlende Silbe verschieden ergänzt wurde, v. 55 (*ses*). Von diesen mss. geben sich ABN als näher zusammengehörig zu erkennen durch die Angabe des Guiraut von Bornelh als Verfasser, sowie durch Varianten in vv. 13, 22, 26, 55, AB wiederum durch vv. 24, 25, 32, 54, 56. Andrerseits stehen DJK zusammen: vv. 9, 22, 32, 33, 44, 59 und JK: vv. 33, 59.

CR haben gemeinsame Abweichungen in vv. 9, 51, 54. In R wird Peire Luzer als Verfasser genannt.

Gedruckt findet sich das Gedicht bei Rayn. III, 32, darnach W. I, 117 und nach N Ged. 881, nach B ib.: 1371, nach A Arch. 51, 20.

64—66 *f.* D. — 64. Peire ACJKMN. — rotgier A. rogier CN. roger M. — Peirotgier R. — 65. Tamet N. — lo] son R. — d. n.] tot per cabal R. — 66. q. f. u.] clamar merce R.

2. Tornada fehlt ADJKM. — 69. lui] lieys C. — 67—69. R:

e prēdal auās de nadal
sap grat de luy uol uieure.

N: e clama li uers denan nadal
sab ioi de lui uol uiure.

Per far esbaudir mos uezis,
que·s fan irat quar ieu no chan,
no mudarai deserenan,
qu'ieu no despley
un so nouelh, que·ls esbaudey;
e chant mais per mon Tort-n'auetz,
quar trop dechai
tot quan uey sai,
mas lai ab lieys creys ioys e pretz,
per que·l sieus conortz m'es plus bos
que tot quan uey far entre nos.

De midons ai lo guap e·l ris
e suy fols, si plus li deman,
ans dey auer gran ioy d'aitan;
a dieu m'autrey —
non ai donc pro, quar sol la uey? —
del uezer suy ieu bautz e letz,
plus no m'eschai,
que ben o say,
mas d'aitan n'ai ieu ioy e pretz
e m'en fauc ricautz a sazos
a guiza de paubr'ergulhos.

De totz drutz suy ieu lo plus fis,
qu'a midons no dic re ni man
ni·l quier gen fait ni bel semblan;
cum qu'ilh m'estey,
sos drutz suy et ab lieys dompney

---

4. Que B. — nom N. — 5. sol J. — 6. nauez per mon tort N. — 7. deschai B. — 9. lai *f.* CR. — zwischen lai und ab ist in DJK qeu li dei, in D noch weiter com sagues fag eingeschoben. Der Schreiber ist in die 4. Strophe gerathen. — i.] honors C. honor R. — 10. quels CD. — sieu conort R. — 11. De ABDJKN. — far] sai CR.

13. sieu CDJK. — len AB. lin N. — 15. dieus R. — 16. quan C. — 18. neschai ABDJK. nechai N. — 20. E pero sim ABDJKN. — ieu *f.* ABDJKN. — 21. ricx gaug R. — 22. del DJK. — paubre ielos AB. paubres geillos N.

24. Car ABDJKN. — re vor midons ABDJKN. — n. d. n. m.] plus non deman AB. — 25. g.] en AB. bel C. ben R. — b.] en AB. gen R. — 26. On C. *f.* R. — que ABN. quieu R. — m' *f.* CR. — 27. Son NR. — a. l.] aillors B.

totz celatz e cubertz e quetz,
qu'ilh no sap lay
lo ben que·m fai,
ni cum ai per lieys ioy e pretz;
ni·s tanh que ia·l sapch' enuios,
qu'ieu suy sai sos drutz en rescos.

Anc ieu ni autre no·lh o dis,
ni elha non saup mon talan,
mas a celat l'am atretan —
fe qu'ieu li dey —
cum s'agues fait son drut de mey;
re no·m qual, que ia l'am eis setz —
doncs amarai
so qu'ieu non ai? —
oc, qu'eyssamen n'ay ioy e pretz
e son alegres e ioyos,
quant res non es, cum si uers fos.

Per s'amor uiu, e se·n moris,
qu'om disses qu'ieu fos mortz aman,
fait m'agr'amors honor tan gran,
qu'ieu say e crey
qu'anc a nulh drut maior non fey;
vos jutgatz, dompna, e destrenhetz!
car s'ieu m'esmay
e si mal tray
ni muer per uos, ioys m'es e pretz:

---

28. Tot N. — cubertz e celatz (celans C) CR. — 30. So quieu pens sai R. — 31 bis 33 *f.* R. — 31. ai] a C. — ioys CDJKN. — 32. Non CR. Nim DJK. Ni N. — sapcha ni uos CNR. sapchel ni uos DJK. — enoios AB. — 33. sos drutz sai DJK. — en] a BC. — entrescos JK.

· 34. Unc N. — ieu *f.* N. — non lo DJKN. non loy R. — 35. sap DJ. — 36. selar D. — atrestan R. — 37. 38. nur Fe D; die fehlenden Worte sind die in v. 9 irrthümlich eingeschalteten. — 39. E non (nois AB) taing ABDJKN. — quieu ABJKN. — lam issetz C. la meissez (meissiez J) DJK. — 41. que ABDN. — 42. O D. — qatressim ABDJKN. eysamen R. — e i. e p. A. — 43. *f.* AB. Lücke dafür in N. — Quieu son DJK. — 44. re R. — Sitot non ai ABDJKN. — In DJK 43 u. 44 umgestellt.

45. sim DJR. — 46. suy C. — ham D. haman K. amans R. — 47. Faitz R. — magra amors AB. magra mortz CR. — 49. Que CR. — nulh] negun DJKN. — m.] mais tal AB. tant DJK. tal N. — 51. Quieu sen lesmay CR. — 52. Ni ABDJKN. — 53. Ni *f.* N. — mes] mer ABDJKN. — ioi NR. — e *f.* R.

de uos m'es totz mals bes, dans pros,
foldatz sens, tortz dregz e razos.

Ieu mai que mai
ma donn' ieu sai
que uos mi donatz ioy e pretz;
e uuelh mais morir ad estros
ia·l sapcha negus hom mas uos.

Bastart, tu uay
e porta·m lay
mon sonet a mon Tort-n'auetz;
e di·m a n'Aimeric lo tos
membre·lh dont es e sia pros.

4.

Gr. 356, 5.

In acht Handschriften wird uns dieses Lied überliefert, in C 193, D 153, J 13, K 3, M 194, R 26, T 210 und in D[c], welches ich nicht benutzen konnte. Beide Tornaden fehlen in MT, die zweite auch in R, ausserdem ist die Reihenfolge der Strophen in R verschieden von der der anderen mss., nämlich 1, 2, 3, 5, 7, 6, 4, 8.

Die Handschriften theilen sich zunächst in 2 Gruppen: DJK und CMRT. Gemeinsame Fehler der ersten Gruppe sind in vv. 7, 27, 52. In der zweiten wird v. 13 *aissi* aus 14 eingedrungen, von MRT sodann in *aisso* abgeändert sein, von minderem Gewicht sind v. 11 *(tot)* und v. 44 *(samor)*. Beide Gruppen weichen auch in vv. 6, 16, 19, 32, 33, 39, 55 von einander ab.

Eine nähere Zusammengehörigkeit von JK gegenüber D zeigen Varianten in 3, 6, 19, 20, 26, 39, 52. Von den anderen treten sich MT nahe (vv. 4, 18, 24, 25, 44 und gemeinsames Fehlen der

---

54. bo C. bos R. — dars AB. — 55. ses ABJN. sez K. — e tortz D. — totz AB. tot N. — e dr. r. C. e dr. e r. J. — rasizos K.

56—65 *f.* R. — 56. = 57 A. — Del mal quieu ai AB. — 57. = 56 A. — Mas BCN. — 59. Eu u. DJK. — mais *f.* JK. — estors ABJK. — 60. Gal DJK. — mas] ni DJKN.

61. Castart N. — 63. tortz B. — 64. tos] ros C. cos (?) D. — 65. sia] sera AB. — Quelh membre dont elh sia pros C.

Tornaden). R gehört nach 1, 2, 5 zu ihnen; dágegen sind die mit C gemeinsamen Lesungen in 18, 32 minderwerthig.

Gedruckt findet sich das Lied in den Ged. 1055, 1056 nach CM.

Non sai don chant, e chantars plagra·m fort,
si saubes don, mas de re no·m sent be,
et es greus chans, quant hom no sap de que; —
mas.adoncx par qu'om a natural sen,
quan sap son dan ab gen passar suffrir,
quar no·s deu hom per ben trop esiauzir,
ni ia per mal hom trop no·s desesper. —

Mas tot quant es s'aclina uas la mort,
que prezas tu tot quan fas? ieu no re; —
mas so ditz hom, qu'auols es qui·s recre,
per qu'om deu far tan gen contenemen,
que no·l puesc' hom mal dir ni escarnir;
per so dic ieu que no·s deu hom giquir
aissi del tot, qui·l segle uol tener.

Fort estai be qu'om chant e que·s deport. —
oc, quan n'es luecx ni temps que s'esdeue. —
e quoras doncx? uols o dir ges per me? —
sapchas qu'ieu hoc, quar us grans dols m'en preu,
quar ditz totz iorns que rir uols e bordir,
tol te d'aisso, ia t'er tost a morir. —
e laissarai per so mon ioy-auer?

---

1. N † C. — chantar MRT. — plagra mi T. — 2. Sieu T. — saupes MR. sabes T. — d. r.] ara M. — non DMRT. — sai MRT. — be] re R. — 3. Es es T. — greu JKT. — grieus es M. — chan R. — 4. adonc MT. — com .. A .. naturall sen T. — 5. suffrir] cubrir MRT. — d. gen paysser e c. R. — s. passar son dan ab gen s. C. — 6. Que DJK. — noys C. nous T. — trop ben JK. — Ni h. p. gran be nos d. e. R. — 7. trop] fort DJK. — h. t. n. d.] nos deu trop desesperar T. — N. p. gran m. h. n. d. R.

8. Pus R. — 9. Quan C. *f.* R. — preçatç T. — i.] quieu C. — 10. Enas (?) T. — dis DJK. dirç (?) T. — 11. tot bel captenemen CMR. totç bels captenimen T. — 12. nol *f.* J. — Com n. puesca R. — 13. Aissi C. Aisso MRT. — nous T. — h. n. d. R.

15. esta DJKMT. — 16. ET. — ner DJK es RT. — ni] e T. — 17. cora DJKR. — uol so JK. uol o M. — dire R. — ges *f.* R. vor dir CT. — 18. ieu CR. — dols] iois DJKM. — un gran ioy R. uns gioi grans T. — mi M. me T. — 19. Can DJK. — tot iorn R. — q. r.] corrir T. — rirs D. ris JK. ioys R. — uol o M. — 20. Tolre JK. — daco R. — iacer D. ia tes R. — tost] obs R. alle anderen Hdss. tot. — 21. laissat ai J. laisserai M. laierai T. — non T.

Si ioy non ai, don aurai doncx confort? —
e qual ioy quiers? — de lieys cuy clam merce. —
folhs yest. — per que? — per dieu, trebalhas te,
ni per aquo ... — fai doncx! — mas per nien
te·n entremetz. — tu que saps? — aug lo dir. —
saps tu que? — fai! — laissa me tot guerir. —
ieu uoluntiers, e fai tot ton plazer. —

Tost uenra temps, que conostra son tort. —
aqui t'aten. — si fatz ieu per ma fe. —
fas ton talan, mas ieu non cug ni cre
tan quan uiuras n'ayas nulh iauzimen. —
non dis per als, mas quar m'en uols partir. —
ieu hoc, per so quar no t'en uey iauzir. —
e ia saps tu qu'als non ai en poder.

Mos cors no·m ditz qu'ieu ab autra m'acort. —
quar ben as dreg pel gran ben, que t'en ue. —
el' o fara. — e quoras? — erasse. —
ben estara si uers es, mas si·t men,
tu que·n faras? — am mai lo sieu mentir
qu'autra uertat. — mal hi saubist cauzir,
qu'ieu non pretz ren mesorgua contra uer.

22—28 = 43—49 R. — 22. doncx] don M. — conort C. — d. a. d. c.] tot naurai doncx honor R. — 23. cier T. — 24. y.] es MT. — e dieu C. a dieu R. per dieus T. — trabagliar T. — 25. Ni *f.* T. — aisso MT. — f.] mas M. fas R. ma T. — 26. entremetes R. — que saps tu C. ni que saps JK. e quē saps R. tu q̄a sab T. — loy C. o R. lor T. — 27. Sap M. Sas T. — que tu fai (fac D) DJK. — laissam del R. — T springt von tot v. 27 auf das v. 28 und schreibt tutom plazer. — 28. vgl. v. 27 T.

29—35 = 22—28 R. — 29. Tot alle Hdss., nur J: Got. — ueirai C. — c. s.] contras ton R. conoisera son T. — 30. Aqieu T. — tatem JK. — A. t.] Que res nō tems R. — 31. F. t. t.] Aco q̄ dey R. — crey R. — 32. com DJK. ca T. — uiuas CR. uiura T. — nauras T. — 33. Nol DJK. Non o T. — me M. — 35. ia *f.* R. — sapchas R. sap T. — tu *f.* R. — q. ieu n. ai ges p. C.

36. Moscar (?) T. — nom] me R. — q. a. a.] canbautra T. — 37. pels grans bens T. — qi M. — que ten ue *f.* D. — 38. *f.* D. — so CM. — eriasse C. arase JK. er de se M. — E ilh ca fag e fara ioc desse R. El sofra en cor as eras be T. — 39. Ben *f.* D (der Schreiber ist von ben v. 37 auf dieses gesprungen). — estera JK. istera T. — es *f.* T. est K. — mas] e DJK. — si M. — vers bis men] ves en marrimen R. — 40. quen] ce T. — mais am T. — 41. m. h.] mas il T. — saps doncx C. saubes DJT. sabes KM. — 42. Qe R. — mensonia DJKM. messonia R. mensogna T.

Per s'amor uiu, e s'amors m'a estort
de la preizon, e s'amors m'a mes fre,
que no·m eslays uas autra, si·m rete;
e per s'amor ai tot mon cor iauzen,
e·m part d'enueg, e·m platz quan puesc seruir,
e ualon mais de lieys li lonc dezir
que s'auia d'autra tot mon uoler.

Lo uers tramet e uuelh que si prezen
mon Tort-n'auetz, si·l play que·l denh auzir,
que totz lo mons li deuri' obezir,
quar mai que tot uol bon pretz mantener.

E si dons Santz m'a fag descauzimen,
mieus es lo dans et er lo·m a sofrir,
et el no·s poc de plus enuilanir,
e per uilan lo deu hom ben tener.

5.

Gr. 356, 9.

Von den 7 Handschriften dieses Liedes: C 194, D 154, D[c], E 174, J 13, K 3, M 196 stand mir D[c] wieder nicht zu Gebote. Unter den anderen zeigen sich als verwandte zunächst die mss. DJK und die mss. EM; für jene vgl. vv. 5, 14, 41, für diese 19, 26, 33, 48. JK treten sich noch näher durch vv. 6, 20, 23, 28, 30, 37. EM mit C zu einer Gruppe zu vereinen kann man in v. 14 und 48 Veranlassung finden; mit DJK stimmen beide nur in dem unbedeutenden Flexionsfehler v. 25 überein, E allein ausserdem in der kleinen Variante v. 32. Für v. 26 allerdings mag der Schreiber von M die Lesart von DJK vor Augen gehabt haben.

Gedruckt ist das Gedicht bei Rayn. III, 34 und darnach W. I, 122.

43—49 = 36—42 R. — 43. 1. s'a.] samors C. — 2. s'a.] samor DMR. per samor T. — maistort T. — 44. la] gran MT. — e] en T. — samor CMRT. — 45. E R. — enlaix T. — sem T. — 46. cors giazē T. — 47. par M. — p. d'e.] platz dompneys C. — 48. li] los T. — E plazom may per uer li siei sospir R. — 49. sauria D.

50 - 57. *f.* MT. — 51. d.] uuelh C. dreig D. — 52. Qui DJK. Car R. — tot lo (li D) mon DJK. — li] la CR. — bezir J. o bezir (o von späterer Hand) K. — deuria seruir C. — 53. q. t.] dautra C.

54—57 *f.* R. — 54. dous sautz C. donz fanz D. donsanz JK. — 55. es] er DJK. — 56. ylh nom C. — del DJK. - 57. lo] len DJK. — hom] len D.

Tant ai mon cor en ioy assis,
per que no puesc mudar no·n chan,
que ioys m'a noirit pauc e gran;
e ses luy non seria res,
qu'assatz uey que tot l'als qu'om fay
abaiss' e sordey' e dechai,
mas so qu'amors e ioys soste.

Lo segles es aissi deuis
que perdut es quant l'auol fan,
mas ab los pros uay pretz enan;
et amors ten se ab los cortes,
e d'aqui son drut cuend' e guay,
perque·s te ioys que tost non chai,
qu'estiers d'els mais hom no·l *man*te.

Si·l ioys d'amor no fos tan fis,
ia non agra durat aitan,
mas no y a d'ira tan ni quan,
que·l dans n'es pros e·l mals n'es bes
e soiorns, qui plus mal en tray;
demandatz cum! qu'ie·us o diray:
quar apres n'aten hom merce.

Pauc pren d'amor qui no sofris
l'erguelh e·l mal e·l tort e·l dan,
qu'aissi o fan silh que re n'an;
guerra·m sembla, qu'amors non ges,
quan son li mal e sai e lai,
e non ai dreg e·l fieu qu'ieu ay,
s'al senhor don mou, mals en ue.

---

1. Ta(nt) † E. — e. i. m. c. E. — 2. n(o) † E. — mon chan D. — 3. ioi D. — ma no(irit) † E. — 4. res † E. — 5. Assatz DJK. Quas(satz) † E. — 6. Abiasse JK. — (Abai)sse sor(dege) † E. — 7. e] o K. — soste † E.

8. Le M. † E. — segle C. se(gles) † E. — 9. quant † E. — laol DJK. — 10. uei M. — (pr)etz † E. — 13. ioi E. — toz DK. tot JM. — 14. del CE. dell M. — mais] mon M. — nols DJK. — soste alle mss.

15. ioy CDE. — 16. aitan] un an E. — 17. noilha M. — 18. donz D. — 19. E senhor E. Ell seinhor M. — e. t.] enten E. — 20. Demandanz JK. — qes M.

23. el t. el m. JK. — t. el] e D. — 24. selhs C. sels DEJK. — 25. Qerram (?) D. Guerran E. — camor DEJKM. — noi es E. — 26. Tan EM. — li *f.* DJKM. — 1. e] de DJKM. — e de lay DJKM. — 27. ha E. — fieus M. — 28. seigner JK. — mal M.

Amors ditz uer et escarnis,
e dona pauza e gran afan
e franc cor apres mal talan;
huey fai que platz, deman que pes. —
e doncx que·n diretz qu'aissi uay? —
que costa? que tot torn' en iay,
pueys apres no y a re mas be.

Membra·m aras d'un mot qu'ieu dis. —
e qual? — non uuelh qu'om lo·m deman. —
no l'auzirem doncx? — non onguan;
no·us er digz ni sabretz quals es. —
no m'en qal, qu'atressi m uiuray. —
si·us uiuetz o·us moretz, so say,
no costa re midons ni me.

Mon Tort-n'auetz en Narbones
man salutz, si tot luenh s'estai,
e sapcha qu'em-breu la ueyray,
si trop grans afars no·m rete.

Lo senher, que fetz tot quant es,
salu e guart son cors cumsi·s fay,
qu'ilh mante pretz e ioy ueray,
quan tot' autra gens s'en recre.

6.

Gr. 356, 4.

Nicht alle Handschriften dieses Liedes (A 107, C 194, D 3, J 13, K 3, M 195, O 43, R 6, S 180, T 209, c 84) enthalten sämmtliche Strophen, und auch die Reihenfolge der überlieferten weicht ab; es stehen in:

---

29. Amor DE. — 30. dona] do D. — p. e] pausen JK. pausab M. — 32. Or D. Oi JK. — beidemal q̄m DEJK. — 33. que DJK. — aiisim E. quaissim M. — 34. Qui D. — iornenai M. — 35. Puey D. — res M.

36. d'u. m. a. M. — quē C. queus D. q̄ M. — 37. tal JK (tal oder cal E). — quo C. — 38. Nom D. — oga D. — 39. Non M. — es] ses E. — 41. ous] e DJK.

44. Me C. Maint M. — 46. nomen te C. nom te D.

47. Le M. — qi M. — 48. Guart lo cors de lieys C. Gart lo cors E. Gart el sieu cor M. — si se EM. — 50. Q. t.] E quant E. — gen CD. — si CE.

I	CS	1 2 3 4 5 6 7 8
I	O	1 2 3 4 5 6 7
I	T	1 2 3 4 5
II	A	1 3 5 4 6 7 8
II	DJK	1 3 5 4 6 7
	M	1 2 5 3 6 7
	R	1 2 3 6 7 4
	c	1 2 5 6 7 3

Aus Vorstehendem ergeben sich zunächst zwei Gruppen: COST und ADJK. Die Lesarten bestätigen dieses Verhältniss, vergl. vv. 1, 2, 6, 18, 19, 21, 23, 26, 27—33 etc.

In I ist das Verhältniss der mss. untereinander nicht ganz klar. v. 27 und 37 hat T Uebereinstimmungen mit II, COS gegenüber, so dass es diese einer besonderen Untergruppe zuzuweisen scheint. O geht mit S gegen C in 22, 41, 46, mit C gegen S in 56 und es steht mit II gegen CST in v. 1 und 2 (*que*).

In II sondern sich auf Grund der gemeinschaftlichen Fehler in vv. 34, 44, 46 DJK, von ihnen durch vv. 7, 21 wieder JK aus.

Mit weniger Sicherheit ist das Verhältniss der übrigbleibenden MRc unter sich und zu den anderen mss. zu bestimmen.

In Mc fehlt Strophe 4, die in R ans Ende gestellt ist. Beim Vergleich ergiebt sich leicht die Uebereinstimmung von R mit Gruppe II (vv. 26, 28, 29). Da in den anderen Strophen R eher I nahe steht, wird man schliessen dürfen, diese habe wie in Mc auch in R gefehlt, sei dann aber nach einer der Gruppe II nahestehenden Hds. hinzugefügt.

Ausserdem weichen MRc von einander in Stellung und Lesarten der dritten Strophe ab. v. 18 steht M zu II, Rc zu I; ebenso v. 23 M zu II, während R und c eine selbständige Stellung beiden Gruppen gegenüber einnehmen, wohl aber auf gemeinschaftliche Vorlage zurückgehen, wie dies mit *uai* in v. 24 sicher der Fall ist, wo M mit *es* wiederum zu II steht (vgl. weiter v. 42 *o ieu*, v. 48 *si* R = c gegenüber M, dagegen 48 *fas* M = c : R). Alle drei Handschriften lesen wie II in v. 21, Mc in 24.

Darf man MRc von einander trennen um M zu Gruppe II zu stellen? Ausser dem gemeinschaftlichen Fehlen von Str. 4 und ausser dem angeführten v. 21 spricht dagegen v. 6, wo alle drei mit *totz* resp. *tot* zu I stehen, ferner das Vorhandensein der zweiten

Strophe, die in II fehlt; und ebenso wenig lässt sich Rc ganz zu I ziehen, wie ausser v. 23, 24 noch v. 13 in der zweiten Strophe zeigt (v. 8 ist auch der Flexionsfehler *bes* allen drei gemein). Bleibt aber MRc zu einer Gruppe vereint, so wird man diese I näher als II stellen müssen, denn erstens fehlt ja II die zweite Strophe, ferner schliesst sich an mehreren in I und II von einander abweichenden Stellen MRc an I an (vv. 6, 19, 33, 34). Diesem Verhältniss widerspricht aber ausser den bereits oben angeführten Stellen der dritten Strophe in M noch vv. 1, 2 (*a* : *nulh*), 55 (*e* : *mas*).

Eine Lösung der Widersprüche erhält man durch die Annahme, dass wie Str. 4 auch Str. 3 in der gemeinschaftlichen Vorlage von MRc gefehlt habe (man beachte ihre Stellung in c am Schluss des Gedichtes, wie wir in R die vierte Strophe fanden), und dass sie in M nach einer der Gruppe II, in Rc nach einer der Gruppe I nahestehenden Handschrift zugefügt worden sei (v. 19 *del mon* in M zeigt, dass die Vorlage nicht eine der vier Hdss. von II war). Zugleich aber hätte der Schreiber an mehreren Stellen des übrigen Textes, wo er Abweichungen zwischen seinen beiden Vorlagen sah, die Lesarten der Gruppe II adoptirt (vv. 1, 2, 55).

Von allen Liedern unseres Dichters ist dieses am häufigsten gedruckt, es findet sich Chr.[4] 81ff. (nach CJM), Lesebuch 63 (nach JMR), Choix V, 331 (nur 3 Strophen: 1, 6, 7), Lexique I, 327, Werke I, 123. Ausserdem sind zwei Citate daraus im breviari d'amor (v. 29825ff., 31619ff. der Ausgabe und in den Gedichten I, p. 202 f., 215), gedruckt[1]). Ich bezeichne diese Citate in den Varianten mit *α*.

Zu bemerken bleibt, dass das Gedicht in S dem *Cufre rodel de blaia* zugewiesen wird und in O ohne Angabe eines Verfassers steht.

Ges non puesc en bon uers fallir
nulh' hora que de midons chan;

[1]) Die beiden Publikationen weichen oft von einander ab; wo dies der Fall ist, habe ich hier und in der Folge in Parenthese angegeben, in welcher von beiden ich die Variante zu meinem Texte fand.

1. Des O. — e. b. u. n. p. ADJKMO. — 2. Al ADJK. Sel R. — Aloras M. — quieu CRST. — midon O. midos T. —

cossi poiri'ieu ren mal dir?
qu'om non es tan mal essenhatz,
si parl'ab lieys un mot o dos,
que totz uilas non torn cortes;
per que sapchatz be que uers es,
que·l ben qu'ieu dic tot ai de liey.

De ren als no pes ni cossir
ni ai dezirier ni talan,
mas de lieys quo·l pogues seruir
e far tot quant l'es bon ni·l platz,
qu'ieu non cre qu'ieu anc per als fos
mais per lieys far so que·l plagues,
que be say qu'onors m'es e bes
tot quan fas per amor de liey.

Ben puesc los autres escarnir,
qu'aissi·m suy sauputz trair'enan
que·l mielhs del mon saupi chauzir;
ieu o dic e sai qu'es uertatz;
ben leu manz n'i aura gelos,
que diran: menz e non es res;

---

3. E cum Ac. Com D. cōē R. — poiria hom A. poiria ieu CT. poirio D. poiria JKM. poirieu O. poirie ieu R. porieu S. poirian c. — r.] doncx R. ges T. — 4. Qe hon c. — 5. am RT. — de lieis parla A. — mutç T. — 6. totz] ses ADJK. tot OR. tut T. — uilan OT. uila R. — tor T. — 7. que] ō R. o T. — sapcha JK. saschaz O. sapciat T. sai e c. — be] totz R. cre c. — 8. bes MRc. — Tot qāt eo O. — ai tot (totz R) CRS. es tut T. tot es c.

9—16 *f.* ADJK. — 11. q.] con la T. — d. bis p.] com lieys pusca gen R. qel pogues en grat c. — serur T. — 12. Ni O. — t. q. l. b.] so quel es bel R. tot calies ops T. e dir tot quant leis c. — nil *f.* c. — play R. — 13. Que RT. — cug M. — ans T. — q. a. p.] que per ren Mc. quieu per res R. — al O. — 14. lieis] so T. — p. l. f.] per far tot M. qa leis fes c. — s. q.] calieis T. — 15. Cieu T. — E sai ben M. E car say R. Per que sai c. — es M. — 16. Totz M. — q. eu f. O. — fais c. — amo C.

17. Jeu α (Azaïs, Ben Ged.). — p.] dey R. — 18. Car aissim ADJKα. Qar en aissim M. — saubi ADJKMα. soi sabuz OT. — far ADJKRα (Azaïs). traer S. — auant Dα. auan JK. enantç T. — 19. Que ADJKSα (Azaïs). — mielh M. miegll T. — d. m.] que tuich A. que tuit DJK. que tugz α. — Que de totas ay lo R. — sernir O. — 20. Eus R. Qeu T. So O. Leu α. — o] uos T. mo α. — e] quar α. — qu'es] ce T. — uertat O. ueritatz α. — 21. Pero COST. — motz JKα. — ni aura mainz (mout M) AM. — Ben conosc ce mort maural g. T. — ianglos c. — 22. Qi MOS. Quem α. — ment M. meins T. mez O. — e] qe c. — noi M. — r.] gies T. —

no m'en cal ni d'aco no m'es,
qu'ieu say ben cossi es de liey.

Greus m'es lo mals tragz a sufrir
e·l dolors, qu'ay de lieys tan gran,
don lo cors no·m pot reuenir;
pero no·m platz autr'amistatz,
ni mais iois no m'es dous ni bos,
ni no uuelh que·m sia promes,
que, s'ieu n'auia cent conques,
ren no·ls pretz mais aquels de liey.

Bona dompna, souen sospir
e trac gran pena e gran afan
per uos, cuy am mout e dezir;
e car no·us uey, non es mos graz;
e si be m'estau luenh de uos,
lo cor e·l sen uos ai trames,
si qu'aissi no suy on tu·m ues,
. . . .

---

23. *f.* O. — cal *f.* D. — d'a.] daiso A. daço D. daqel M. — Daisso nom (non T) cal ni nom (non T) es ges (res T) CST. A me qe cal ni qins dans mes R. Mi qen cal qe dels non ies ges c. — 24. s. b.] me (mi OS. mo T) say CORST. — qaissi M. cossis R. cum me c. — ses COST. uay Rc.

25—32 *f.* Mc. — 25. Greu CDJKST. — los D. — maltraitz AO. mal trag CT. mal traz S. — Mot mes greus lafã a s. R. — 26. dolor TR. — de] per ADJKR. — mout ADJKR. — 27. cor T. — non D. — nom pot lo cors CS. no poc lo cor O. — On nos pot mos cors esiauzir R. — 28. Per nuill plai dautras (ni lautr DJK) ADJK. Per plag de nulh autr R. — amistat OR. — 29. N. m.] Cautre ADJK. Autre R. — mer T. — d.] bels R. — 30. q.] iam ADJK. me R. qen S. — 31. E ADJK. Car R. — cent] .M. R. — concis T. — 32. non T. — mais *f.* O. — cels qai A. sel cai DJK. aicels O. als q̄ T. — de *f.* T.

33—40. *f.* R. — 33. Doussa ADJK. — per uos C. souenz O. *f.* J. — s. planc e s. O. — 34. En ADJK. — 1. gran] greu DJKS. — 2. gran] greu OT. — 35. De T. — tant M. — E qar plus souen nous remir c. — 36. Qe si M. E ca T. — nos MO. — Ben sapchaz qe nō es mos graz c. — 37. Mas COSc. — be] tot M. — si bis uos] pero ades soi ab uos c. — 38. Qel c. — uos] uo C. — 39. qaici S. caitç T. — tu M.

40. ACDJK: Els bes qeu ai totz ai de liei
el AC. — ben C. — qe D. — tot A. — es C.
OST: E zo qeu ai tot es de lei
cho S. — es tut T.
M: Mas so qe tu ueis tot es de leis.
c: Que tot es en poder de leis.

Ailas! — que plangz? — ia tem morir. —
que as? — am. — e trop? — ieu hoc, tan
que·n muer. — mors? — oc. — non potz guerir? —
ieu no. — e cum? — tan suy iratz. —
de que? — de lieys, don sui aissos. —
sofre. — no·m ual. — clama·l merces. —
si·m fatz. — no·y as pro? — pauc. — no·t pes,
si·n tras mal. — no? — qu'o fas de liey.

Cosselh n'ai. — qual? — uuelh m'en partir. —
no far! — si faray. — quers ton dan. —
que·n puesc als? — uols t'en ben iauzir? —
oc mout. — crei mi. — era diguatz. —
sias humils, francs, larcx e pros. —
si·m fai mal? — sufr'en patz. — suy pres? —
tu oc, s'amar uols; mas si·m cres,
aissi·t poiras iauzir de liey.

Mon Tort-n'auetz mant, s'a lieys platz,
qu'aprenda lo uers, s'il es bos;
e puois uuelh que sia trames
mon Dreit-n'auetz lai en Saues,
dieus salu e gart lo cors de liey.

41—61 *f.* T. — 41. Jalas O. — quet Cα. — plaing ADJKOSc. plans α. — laissim C. qe tems M. temi R. la tem S. ge tem c. — muri R. — 42. Quez α. — e *f.* O. — uioc O. o ieu Rc. — 43. Qien A. Qe MOc. — mors *f.* S. — ieu oc M. — non *f.* M. — puosc A. poc O. pot S. — carir O. — 44. J. bis c. *f.* DJK. — Su O. — e] o O. — e c.] per que R. — Tant fort eu sui morns et i. A. — 45. on M. — aichos c. aysshos α. — 46. Sofri C. Soffra OS. — non DM. — clama A. clam DJK. clamar M. — merce R. — 47. Si S. — non ADJKR. — ai DJK. — 48. S. bis m. *f.* O. — Si RSc. — no qua o c. no que α. — fai A. — no quas fai (fa R. faz S) CORS.

49. n' *f.* CORS. — qals S. qar c. — 50. far] fara S. fas c. fay α. — serai O. — q. t.] qeis tan c. — 51. Qem MS. Non R. — puos A. — a.] may R. *f.* D. — uol O. — bon D. mot R. — chausir O. — 52. mout] doncs R. — cre ADJKO. — aram ADJKα. aras MR. — 53. Sials S. — frain (?) D. — larcs francs cα. — 54. E sit A. Sit Dc. E sim JKRα. Sin S. — fan S. — tort M. — sofrel en A. fueffre en M. suefri R. sobre en α. — e. p.] sos pes R. — patz] pauc c. — 55. Tu *f.* c. — Oc tu R. — si amar C. — mas] e ADJKMα (Azaïs). mays R. mal S. may α (Ged.). — sim] im A. — creis D. — 56. Aissi COα (Azaïs). Ayssitz α (Ged.). — poyrias α. — p. i.] lausar poiras O.

57—61 *f.* DJKMORTc. — 57. Tornauetz S. — prec C. — 58. Qanprendai S. — lo *f.* S. — si C. se el S. — bon A. — e. b.] bos es C. — 59. p. u.] si uol C. — 60. Dreit na lieys C. — e. S.] on ill es A. — 61. Deu S. — sal C.

7.

Gr. 356, 3.

Das Gedicht ist überliefert in A 108, C 195, D 136, E 174, J 14, K 3, M 196, R 27, T 211. Diese Handschriften zerfallen nach den Varianten in vv. 21, 27, 31, 32, 38, 42 zunächst in die Gruppen ADEJK und CMRT. In der ersten gehören JK nach vv. 7, 10, 36, 41 zusammen, zu ihnen tritt D, wie gewöhnlich bis in die Orthographie verwandt. E lässt mit DJK v. 3 aus, vermeidet aber im übrigen mehrere Abweichungen, die auch A theilt (vv. 21, 31, 32), so dass seine Stellung in der Gruppe nicht zweifellos ist.

Von den anderen Hdss. steht R nahe zu C (s. vv. 3, 28), T zu M (s. vv. 23, 24, 37, 43 und das Fehlen der fünften Strophe).

Gedruckt findet sich das Lied bei Rayn. III, 36 und darnach W. I, 118.

Entr'ir' e ioy m'an si deuis,
qu'ira·m tolh maniar e dormir,
e ioys mi fai rir' e bordir;
mas l'ira·m pass'al bọn conort,
e·l ioys rema, don suy iauzens
per un'amor qu'ieu am e uuelh.

Dompn'ay. — non ay. — ia·n suy ieu fis! —
no suy, quar no m'en puesc iauzir. —
tot m'en iauzirai, quan que tir. —
oc, ben leu, mas sempre n'a tort. —
tort n'a? qu'ai dig! boca, tu mens
e dis contra midons erguelh.

E durch Ausschneiden verstümmelt; v. 1—6: Entrir .... man .... e dormir. mas .... el ioi rema do .... quieu am euue ..

1. ira AMT. — iois M. — 2. Qiraem M. — Quem tolo R. — 3. *f.* DEJK. — E *f.* R. El T. — gioi T. — e b.] esbaudir C. e esbaudir R. — 4. E MRT. — passal] tol lo R. — bel MT. — conor JK. — 5. ioy CERM. gio T. — d. s.] de sai AD. — son M. — gausen T. — 6. una mulier T. — que D. — Reim -uoill in ADJKT.

7—12. E: Dompnai nō a .... quar nomē pues .... rai qan que tir. oc .... tort. tort nai cai d .... contra midons ergu ....

7. Donna MT. — Dona no say R. — iam JK. — son DJK. — s. i.] sieu R. — 8. son DJKMT. — 9. iauziral D. — que] o M. co T. — 10. Ben leu oc JKR. — 11. Torna cas R. — n'a] nai EJ. — 12. arguogll T.

Bona dompna, per que m'aucis? —
ara·m podetz auzir mentir,
que re no·m fai per que m'azir. —
non re, si *m*'a per pauc tot mort? —
ben suy folhs e fatz es mos sens,
quar ia dic so per que la·m tuelh.

Molt am selieys que m'a conquis. —
et elha me? — oc, so l'au dir. —
creirai son dig senes pleuir? —
oc ben, ab sol que·l fagz s'acort,
e m'atenda totz mos couens
e qu'ieu n'aya plus qu'ieu no suelh.

Per lieys aic ieu ioy, ioc e ris,
mas ara·n planh, plor e sospir;
e·l mals, que m'es greus a sufrir,
torna·m a doble en deport;
pauc pretz lo mal que·l bes o uens,
que plus m'en ri que no m'en duelh.

De luenh li suy propdas uezis,
qu'amicx non pot nulhs hom partir,
si·l cor se uolon cossentir;
tot m'es bon quant hom m'en aport,

---

13. quieu R. — 14. Eram M. Arm T. — 15. res R. — non D. no R. — fas M. — qem nazir M. qem ayzir R. cieu masir T. — 16. re] te D. *f.* R. — m' *f.* alle Hdss. — tot *f.* J. — a. p. p. t.] agrab pauc del tot R. — mor A. — 17. suy *f.* T. — e f.] estatç T. — f. e.] fatzeis D. — mon sen T. — 18. ja *f.* R. — dis C. dit T. — ayso R. — qellam DJK. qieu lam R.

19. sela R. — qui CM. — 20. E yeu neys leys R. — soill aug A. sollaug DJKM. so laug ERT. — dir *f.* J. dire T. — 21. E retrai D. E creyray R. Crerai T. — sos T. — dir ADJK. ditz M. — ses R. sens T. — 22. a. s. q.] sol cab lo R. — faitz A. fag CJKR. fags D. fait E. fatz M. fatç T. — 23. E qe m. MT. — totz *f.* MT. — 24. Si MT. — qe MR beidemal. — mais MT.

25—30 *f.* MT. — 25. ai CDEJKR. — ieu *f.* R. — ioc] plazer R. — 26. aram plor plaing A. er plor e planc R. — 27. que *f.* E. — mer ADEJK. — grans per R. — 28. Tornab la doussor A. Mas ab (per R) lo be torn CR. — 29. pres C. — be lo R. — 30. 1. men] en A. — ri] iau C.

31. prodans ADJK. prōpdans M. trop da T. — 32. Camie T. — pot] tol D. — nul T. — hom] loing A. loins DJK. homs M. — Car no sen pot nulh h. p. R. — 33. cors M. — sin D. — 34. h.] com AR. —

mais am quan cor de lai lo uens,
que d'autra si pres si m'acuelh.

Ja no dira hom, qu'anc la uis,
que tan belha·n pogues chauzir,
qu'om no la ue que no s'i mir;
e sa beutaz resplan tan fort,
nuegz n'esdeue iorns clars e gens
a selh que l'esgard' ab dreyt huelh.

Lo uers uuelh qu'om midons me port,
e que·l sia conortamens,
tro que·ns esguardem de dreyt huelh.

8.

Gr. 356, 7.

Das Gedicht steht in den Handschriften A 207, C 196, D 136, E 175, G 89, J 155, K 141, R 6, T 189, U 138 und in dem mir unzugänglichen D[c]. Ausserdem wird die dritte und vierte Strophe im Breviari d'amor (*α*, v. 32617 ff., 32634 ff.), die sechste Strophe in Raimon Vidal's Novelle *Abril issi' e mays intraua* mitgetheilt (β, s. Dkm. p. 175—176).

Die Strophenfolge ist in den Handschriften nicht übereinstimmend. Es folgen in:

ADEJKR	1	2	3	4	7	6	5	8
CT	1	2	3	5	4	6	7	8
G	1	2	3	4	6	5	7	8
U	1	2	3	6	5	4	7	8

---

35. quan *f.* M. — q. c.] cantar T. — lo] la MT. — 36. Qui JK. — dautre M. — 1. si *f.* D. — pres] prop JKM. trop T. — 2. si] qe T.

37. om nol dira T. — qu'anc] qe MT. — 38. belam T. — iauzir ADE. — 39. que] com A. — se CDJKT. — no si † E. — 40. Car R. En T. — beutat MT. — ce resplan T. — 41. Nueg JKR. Nuech M. Nuoc T. nueg(z) † E. — iorz K. iors M. giorn T. — clar T. — N. fa semblar bel iorn e gen R. — 42. A. s.] Celui ADEJK. A aicel T. — selh *f.* R. — qui CMR. — l'e.] la garda R. † E. — ab] de ER. a MT. — la adreg a lhuelh C.

43. Lo † E. — q.] ca R. — midon A. a midons MT. — me *f.* MT. — maport A. — 44. E *f.* R. — quem R. — E que(l) † E. — s. bos c. R. — 45. quens] ce T. — esgarde D. ergadem M. esgardon T. — de] en M. *f.* T. — (esgar)dem de † E. — dreic ni ogill T. — Tro que dreg la gardon miey huelh R.

Ich glaube nicht, dass eine dieser Anordnungen die richtige ist. Schwankend ist der Platz von Strophe 5 und 6, welche von den Handschriften nachträglich aufgenommen scheinen, doch nicht an rechter Stelle. Der zusammenfassende Inhalt der sechsten Strophe wird rechtfertigen, dass ich sie dem didaktischen Theil des Gedichts ans Ende gestellt habe (Strophe 7 ist inhaltlich schon eine Tornada, so darf denn auch v. 43 das Reimwort von v. 11 wiederholen).

Die Strophenfolgen der Handschriften geben zugleich Anhalt für ihre Gruppirung. ADEJKR treten als eine Gruppe den anderen gegenüber. Der gemeinsame Ursprung von CGTU geht aus den Abweichungen in vv. 4, 5, 20, 22, 29, 30, 52 (die Vorlage hatte nur *Ans quem,* die fehlenden Sylben wurden in verschiedener Weise ergänzt) hervor. Für Unterabtheilung dieser zweiten Gruppe sind entscheidend die CT gemeinsamen Abweichungen in vv. 5, 9, 13, 18, 48, 52 und die GU gemeinsamen in vv. 6, 19, 43, 44, 45.

Schwieriger liegen die Verhältnisse in der anderen Gruppe. ADJK stehen wie gewöhnlich in engen Beziehungen zu einander. Bei der auch hier bis in orthographische Varianten hervortretenden Verwandtschaft von DJK werden wir in den AD gemeinsamen Lesarten der vv. 25, 28, 46 nicht Veranlassung finden, diese beiden JK gegenüber zu stellen, wenngleich v. 25 recht auffällig ist.

ER schliessen sich im Grossen und Ganzen an ADJK; andererseits aber haben sie mehreres mit Gruppe II gemein. Dahin gehört für E vorzüglich *caber* v. 36, für R *que totz* v. 40 und *O si nes* in v. 13. Minder erheblich sind die Varianten in vv. 24, 32, 33, 34, 46, 48. Bei Entfernung von ADJK ist die Annäherung an U am grössten. Man berücksichtige das Verhältniss, welches wir bei Raimbaut's Antwort finden. Dort stehen CEU auf einer Seite ADJK gegenüber; hatte dort E mit U gemeinsame Vorlage, so sind hier Abänderungen seines Textes nach eben derselben nicht ausgeschlossen. In E wie in U stehen beide Gedichte unmittelbar nebeneinander. R freilich hat Raimbaut's Antwort nicht mit aufgenommen.

β schliesst sich in der sechsten Strophe eng an ER.

Gedruckt findet man das Lied bei Rayn IV, 1, Parn. occ. 25, Werke I, 124 und nach U Arch. 35, 459. In G wird durch Flüchtigkeit Raimbaut d'Aurenga als Verfasser angegeben.

Senh'en Raymbaut, per uezer
de uos lo conort e·l solatz
suy sai uengutz tost e uiatz,
mais que no suy per uostr'auer;
que sapcha dir, quan m'en partray,
cum es de uos ni cum uos uay,
qu'enqueron m'en lai entre nos.

Tant ai de sen e de saber
e tan suy sauis e membratz,
quant aurai uostres faigz guardatz,
qu'al partir en sabrai lo uer,
s'es tals lo guaps quon hom retray,
si n'i a tant o meinhs o may,
cum aug dir ni comtar de uos.

Gardatz que uos sapchatz tener
en aisso qu'ara comensatz,
quar hom, on plus aut es poiatz,
plus bas ue, si·s laissa chazer;
pueys dizon tug que mal l'estay:

---

1. C und E sind mehrfach durch Ausschneiden von Initialen verletzt. 1. Seingner DEJKTU. Segner en G. — rambaut AG. rambauz DJK. rainbaut T. — ueder U. — 2. lo] el G. — conortz J. — solatz † E. — 3. Sa soi T. — uencutz D. ueguz G. — e *f.* U. — 4. Plus A. — quieu A. qeu G. — fi CU. fis G. si T. — n. s. † E. — 5. E (Eu T) uuolh saber CT. Qm̄ sapchatz dir E. — ca T. — men † E. — iray CGTU. parirai E. — 6. es] er T. — De uos quies o GU. — c. u.] cossius C. cū sios G. — uay † E. — 7. Censeron mut T. Qan menirai U. — sai E. mans R. — etre T.

9. saii (?) D. — suy tan CT. — sauis † E. saui T. — 10. uostros G. uostre T. uostri U. — f. gar(datz) † E. — gardat R. — 11. partie (?) D. — lo] dir C. bel G. — 12. Sis C. si R. — tal TU. — S. t. † E. — caps DJK. gap T. gab U. — q. h.] cono T. — r.] lo fai (faie T) ET. — 13. On es aitan CT. O (E U) si nes tant GRU. — t. o † E. — ı. o] e T. — mais T. — 14. ni] e C. — ausit nai c. T. — comtar † E.

15. Gardat C. Garaz G. — q. u.] uos qeus A. que R. — puscatz α. — t.] mantener R. retener U. — 16. E. a. † E. Aco R. Ençoi U. — qauez G. que eras R. carauetç T. qauez era U. — comendaz D. — c'avetz comensat α. — 17. Que GT. Qez U. — h. o.] con hom G. — o. p.] em qes U. — (pl)us a. † E. — es *f.* U. — puatç T. pujat α. — 18. b. u.] basset C. bassetse T. — ue] chay R. — se C. se se T. — u. s.] uais α (Hds. A). — lais T. laisar U. — (ca)zer † E. chader G. — 19. Pu(eis) † E. — diran U. — cebelistai T. cum lestai GU. — estai AR. — dich chascus uei c. l. G. — 19—21. C: pueys dizon tug qu .... fetz ara .... es cond ....

„per que fetz, pueys era no fay?“
qu'era no ten condugz ni dos.

Qu'ab pro maniar et ab iazer
pot hom estar suau maluatz,
mas de gran afan es carguatz
selh que bon pretz uol mantener;
obs l'es que·s percas sai e lai
e tolha e do, si cum s'eschai,
quan ueira qu'er luecx e sazos.

No·us fassatz de sen trop temer,
per qu'om digua: „trop es senatz“,
qu'ẹn tal luec uos ualra foudatz
on sens no·us poyria ualer;
tant quant aurez pel saur e bai
e·l cors aissi fresquet e gai,
grans sens no·us er honors ni pros.

Si uoletz al segle plazer,
siatz en luec folhs ab los fatz,
et aqui meteys uos sapchatz
ab los sauis gen captener;

---

20. A qe folses pois als G. Aqest fetç e aras T. Aquel fezia mas er U. — (q)ue f. † E. — pueys] e α. — 21. n. t.] no i es CGT. no seru U. — condug R. conduc T. seruir U.

22. Ab CGT. — e ab] ab beṇ C. cambon (?) T. e ab gent U. — 23. h. e. s.] e. s. h. C. h. s. e. α. — 24. Qe U. — grans afans R. grantç afantç T. — ses EGRα. sest U. — gargaz DGJK. — 25. Qui proeza AD. Qui uol proeza m. α. — que] qui U. — 26. Coue C. Obs es DJKT. Cops lies Gα. Obs la U. — qe G. — 27. E *f.* U. — dol G. tol TU. — dōs G. — s. c.] tut cant T. — leschai AJK. — 28. Ni EJK. Ca T. — u. q.] ne ueira AD. ue que es C. uera cer T. uerra qe U. — loc R. lioc T. — ni·CEGTU.

29—35. C: Per ta ..... no sial .... tal lue .... sens n ... auretz ... si fresc ... er hon .... 29. de trop sen D. — Per ho qeus faichaz plus temer G. Per tal qe uos fassatç temer T. Perço quos fa a mielz tener U. — 30. etz A. — cenatz E. membratz JKR. — No seiaz sēpres trop senaz G. Non siatç trop prim ni (al prim trop U) senatç TU. — 31. uarra U. — foldā G. — 32. O U. — sen RT. — non EGRU. nos JK. — pogra G. — u.] pro tener G. — 33. Mentre qaurez G. — auret R. — s.] brun U. — ni RTU. — 34. *f.* T. — cor GRU. — f.] coindet U. — iay R. — 35. Grā (Trop T) sen RT. — no U. — es JK. — honor GRTU.

36. el CGRβ. — caber CEUβ. parer R. — 37. En locs sias R. Siaiatç e loc T. E loc siatz β. — fol U. fatz β. — faitç T. — 39. les U. — la sauia T. — G. ab l. s. R. — mantener Rβ. —

qu'aissi coue qu'om los assay:
l'un ab ira, l'autre ab iay,
ab mal los mals, ab ben los bos.

D'aisso uuelh que·m digatz lo uer,
s'auretz nom drutz o molheratz,
o per qual seretz apellatz,
o si·ls uolrez ams retener;
ueiaire m'es al sen qu'ieu ai,
segon qu'ieu cug, mas non o sai,
qu'a dreg los auretz ambedos.

Senh'en Raymbaut, ie·m n'iray,
mas uostre respost auzirai,
si·us platz, anz que·m parta de uos.

A.

Gr. 389, 34.

Dem Gedicht Peire Rogier's sei gleich hier die Antwort Raimbaut's von Aurenga angereiht. Dieselbe findet sich in den Handschriften A 208, C 196, D 136, E 175, J 155, K 141, U 139 und wiederum in D^c.

Von diesen trennen sich zunächst ADJK von CEU durch das Fehlen von v. 48 als zu einem Typus gehörig. Auch CEU gehen auf eine gemeinsame Quelle zurück. Für die Zusammengehörigkeit

---

40. Caisis Eβ. — q. l.] q̄ totz R. que tut U. — essay C. — 41. Lus ACD GJKRUβ. — irals ADJK. ira el G. — autres ACDJKβ. — Ab irals us autres R. — 42. A T. — mal] mas U. — los mal T. — abē G. e ab bes T. et abes U. — pros C.

43. De uos uuelh uostre nom saber CT. Per uos meteis uolrai (uodra G) saber GU. — 44. = 45 GU. — Sabrez U. — drut E. — 45. = 44 GU: Per qal nō s. a. — 46. O si AD. Ols CR. O sis JK. El T. — uolret R. uoles T. — amdos CR. am JK. amdui T. — retenir T. — O sambdos uolrez tener G. O uollez abdos r. U. — 47. Verzaire U. — 48. que GRU. — no lo G. non a J. — Persous o dic quar ben o say CT. — 49. Cadrez D. Qadreiz G. Quabdreiz U. — abedus T. ambdos U.

50. Seingnor DT. Seingner GJKU. — rambaut AG. raybaut C. rambauz D. rambautz JK. rainbaut T. — yemniray R. alle anderen mss: ieu men iray. — 50—52 E: .... mas uos .... ans q̄m .... 51. uostra U. — respos ADGJKT. respot R. — respostra aurai U. — 52. Sieus R. — Enans que iam C. Enanz q̄ me G. Enas ce gia T. En abanz qe U.

von E und U siehe vv. 41, 48 und besonders *era* v. 51. V. 39 hat C mit U das falsche *grazir* gegen *seruir* in ADJK (E Lücke), v. 9 ist der Flexionsfehler *cor* CEU gemeinsam, v. 19 hat C: *non es en digz*, U: *greu er en diz* gegen das auch in E stehende *qen dig non es*, 21 haben CU *uen lo*, ADEJK *uenol*. Wichtig ist vor allem v. 22. Alle Hdss. haben *Per me uoletz mon nom auzir*, nur C: *Per mi meteys uoletz a.*, eine Lesart die einzig derjenigen von GU für No. 8 v. 43 entspricht. C muss also die Vorlage von U vor Augen gehabt haben, und so erklären sich auch die Abweichungen beider in vv. 25, 43, 51 (17?), wo jene Vorlage Fehler enthalten haben wird.

Zu berücksichtigen ist, dass Raymbaut's Antwort in T, dem C für Peire's Gedicht so nahe stand, nicht enthalten ist. Ihre gemeinsame Quelle hat sie also wohl nicht gehabt, weshalb C sie nach einer anderen hinzufügen mochte.

Gedruckt ist das Gedicht bei Rayn. IV, 3, Parn. occit. 52, Werke I, 73 und nach U Archiv 35, 460.

Peire Rogier, a trassalhir
m'er per uos los ditz e·ls couens,
qu'ieu fis a midons totz dolens,
de chantar que·m cuygey sofrir;
e pus sai n'etz a mi uengutz,
chantarai si n'ai estat mutz,
que non uuelh remaner cofes.

Mout uos dei lauzar e grazir,
quar anc uos uenc cors ni talens
de saber mos captenemens,
e uuelh que·n sapchatz alques dir;
e ia l'auers no·m sia escutz,

1—4. C: .... tras ... ir mer ... os les ... els co .... quieu .... midons .... dolens .... m cuy [gey de chantar] .... Vom Eingeklammerten ist die untere Hälfte der Buchstaben erhalten. — 1—7. E: .... rotgier ... ssaillir ... per uos .... gz els co ... s. quieu ... midons ... dolens ... chantar .... cugei su ... e pos sai ... a mi uen . utz . que .... — 1. rotgier AE. rogiers DJK. rugier U. — 2. el U. — 3. aic AD. ai JK. fi U. — 4. qiem A. — 5. etz A. nest DJK. nes U. — uencutz D. — 6. sim C. — estar A. — 7. Qieu A. — u.] uai uoill K.

8. † E. — 9. Oar (sic) J. — cor CEU. — 10. uezer U. — 11. qem ADJKU. — 12. lauer U. — nous E. ñ J. nŏ K. non U. —

s'ieu suy auols ni recrezutz,
que pel uer non passetz ades.

Quar qui per auer uol mentir,
aquelh lauzars es blasmamens
e tortz e mals essenhamens,
e fai·s als autres escarnir,
qu'en digz non es bos pretz sauputz,
mais els fagz es reconogutz,
e pels fagz ueno·l dig apres.

Per mi uoletz mon nom auzir,
quals sui o drutz; er clau las dens,
qu'ades pueja mos pessamens,
on pus de preon m'o cossir;
ben uuelh sapchatz que no suy drutz
tot per so quar no suy uolgutz,
mas ben am, sol midons m'ames.

Peire Rogier, cum puesc sufrir
que ieu am aissi solamens?
merauilh me s'iesc uius d'auens; —
tortz es si·m fai midons murir. —
s'ieu muer per lieys faray uertutz,
per qu'ieu cre que, s'i fos perdutz,
dreitz fora, que plus m'enoges.

---

13. Sen (?) U. — 14. passaz D. passe JK.

15. mentar A. — 16. lausar U. — 17. mal E. — E torn en mal essenhamens C. Et es trop mals e. U. — 18. E fa (fai DJK) nals ADJK. Es fai als C. E fas nals E. — E fas uas la gent e. U. — 19. dich A. diz D. dig EJK. — Non es en digz C. Greu er en diz U. — pr.] faiz U. — 20. el A. als C. per U. — faich A. fach U. — es puois conogutz AD. esiconogutz EJK. es tost conogutz U. — 21. per U. — fag U. — uen lo CU. uenols E. — digz CE. ditz JK. dir U.

22. Per mi meteys uoletz auzir C. — 23. Cal EJKU. — drut E. — ar E. e J. et K. — 24. Ades C. — 25. Oņ *f*. U. — pren C. — m'o] en C. me D. e mon U. — 26. E diç uos ben quieu C. — 27, T. p. s.] Pero qan U. — que DJK.

29. Initiale *f*. D. — rotgier AE. rogiers JK. rugier U. — 30. Qez eu ADJK. Quades C. Qeu U. — 31. si uiu (ui D) deuens (deuenz DJK) ADJK. si escuiu dauens E. ses auinens U. — 32. Totz JK. — Tort ai U. — Enaissim fai C. — 34. Perque eu cre A. Perquem platz C. — que *f*. A. — perdutz † E. — 35. Dreg agra C. — puois ADJK. — mazires C. — E: ..... fora que .....

Ara·l uen en cor que m'azir,
mas ia fo qu'er'autres sos sens
qu'aitals, e-ssos entendemens,
per qu'ieu li dey totz temps seruir;
pel ben que·m n'es escazegutz,
iamais no·m n'auengues salutz,
li dey tostemps estar als pes.

Si·m uolgues sol tan· cossentir
que fos tostemps sos entendens,
ab belhs digz n'estera iauzens,
e fera·m ses fagz esiauzir;
e degra·n ben esser crezutz,
qu'ieu non dic tan que·m fos creguz
mas d'un bon respieg don uisques.

Bon respieg, d'aut bas son cazuz,
e si no·m erep sa uertutz,
per cossel li do, que·m pendes.

9.

Gr. 356, 2.

Den Gedichten Peire Rogier's reihe ich noch eins an, welches nur in c (f. 84) überliefert und dort unserem Dichter zugeschrieben wird. Es steht zwischen *Al chan d'auzel* (s. No. III) und *Ges non puesc en bon uers fallir* (s. No. 6), welche die Handschrift

---

36—52. E: Araill u ..... querautr .... demens ..... pel be q ..... mauen .... als pes ..... Sim u ..... fos tost ..... nestera ..... auzir ..... nō dic .... bon resp ..... Lonc re ..... non eral .... q̄m pende ..

36. maizir U. — 37. si fon D. ian fan U. — 38. captenemens C. — 39. loy C. — deu U. — tot JK. — grazir CU. — 40. Sol p. b. C. — quen JK. — escazutz C. escaeguz ADJKU. — 41. no men uengues ADJK. nom neschazes C. non nauenges U. — mais nach uengues A. — 42. al JK.

43. E sim C. — s. t.] tan C. daitan U. — 44. Qieu ADJK. — fos nach tostemps C. — totztemp A. — 45. A beldiz U. — 46. sos ADJU. senes C. — fag C. prez U. — iauzir C. — 47. degram ADK. degrã J. deurian C. — ben *f*. C. — cregutz ADJKU. — 48. *f*. ADJK. — d.] quier C. — q.] ian C. — crezutz C. — 49. del ADJK. — bel respet qem U.

50. respeiz D. — d'a. s. b. c. ADJK. — 51. non U. — ereb ADJK. recep C. era EU. — 52. perdes JK. pengues U.

ebenfalls beide, das zweite mit Recht, das erste mit Unrecht, Peire zuschreibt. Styl, Inhalt und Form des hier folgenden Liedes sprechen nicht für Peire's Autorschaft, und wenn wir berücksichtigen, wie unzuverlässig c in Angabe der Verfasser ist, werden wir uns schwer entschliessen unseren Trobador als den Dichter anzuerkennen.

Die Form des Liedes ist sehr bemerkenswerth. Es folgt auf fünf siebensylbige Verse auf éinen Reim (a) ein ebenfalls siebensylbiger mit abweichendem Reim (b); während a von Strophe zu Strophe wechselt, bleibt b bestehen, also a a a a a b; c c c c c b; etc. Das Auffallende ist nun, dass während a in Strophe 1, 2, 4 und 5 männlich ist, es in 3 und 6 weiblich wird. Mit dieser Eigenthümlichkeit steht das Gedicht allein in der provenzalischen Literatur. Die Fälle von Geschlechtswechsel der Reime in den Strophen sind überhaupt selten und auch die wenigen vorkommenden sind anderer Art. Guilhem's de St. Lidier fünftes Lied bildet seine Versausgänge aus in je zwei Strophen sich gegeneinanderbewegenden grammatischen Reimen, wobei denn an die Stelle eines weiblichen Reimes in der ersten Strophe jedes Paares ein männlicher in der zweiten tritt. Das Schema ist also

$$\begin{array}{rl} 1: & a_\smile b_\smile c_\smile d_\smile e_\smile i_\smile k_\smile l_\smile \\ 2: & \lambda\ \varkappa\ \iota\ \varepsilon\ \delta\ \gamma\ \beta\ \alpha. \end{array}$$

Aehnlich bei Raimon de Miraual No. 3, doch insofern verschieden, als die grammatischen Reime nicht in der nächsten Strophe, sondern schon in der nächsten Zeile folgen, und dass von Strophe 3 an[1]) zwei Reime durch je zwei Strophen festgehalten werden. Aber auch hier steht in jeder zweiten Strophe ein männlicher Reim an Stelle eines weiblichen in der vorhergehenden und umgekehrt:

$$\begin{array}{rl} \text{Str. } 3: & c^1\gamma^1_\smile\ c^2\gamma^2_\smile\ c^3\gamma^3_\smile\ c^4\ \gamma^4_\smile\ c^5\ \gamma^5_\smile\ c^6\ \gamma^6_\smile \\ 4: & \gamma^7_\smile c^7\ \gamma^8_\smile c^8\ \gamma^9_\smile c^9\ \gamma^{10}_\smile c^{10}\ \gamma^{11}_\smile c^{11}\ \gamma^{12}_\smile c^{12}. \end{array}$$

Das Lied Gr. 461, 143 spielt mit grammatischen Terminis: *nominativa, genetiva, indichativa* etc. In der ersten und dritten Strophe werden diese nur mit weiblichem Ausgang verwandt, in der zweiten aber auch mit männlichem: *conjuntiu, optatiu.*

---

[1]) Str. 1 und 2 sind im Reimbau ganz abweichend.

Str. 1 und 3: a‿b a‿b a‿b a‿b
2: c a′ a′ c a‿b a‿b[1]).

Noch weniger gewollt als in diesem scheint der Geschlechtswechsel in den Liedern Daude de Pradas 9 und Rostaing Berenguier 4. Bei jenem ist das Schema a b b a c c d d e; während in Str. 3 bis 6 d männlich ist, ist es in 1 und 2 weiblich. Beim anderen haben wir a‿b‿b‿a‿c c d‿e e d‿ und zwar in der ersten Strophe männliches, in der zweiten weibliches e.

In diesen beiden Fällen ist wohl das andere Geschlecht dem Dichter gegen seinen Willen eingeschlüpft. Dass dies bei unserem Lied nicht der Fall ist, zeigt die regelmässige Vertheilung der Strophen.

Die Reimordnung des Gedichts: auf eine Mehrzahl gleich ausgehender Verse einen abschliessenden mit anderem Reim folgen zu lassen, ist bei den höfischen Trobadors nicht eben beliebt. Ihre Kunstdichtung ist nicht so sparsam mit Reimen und so einfach im Bau, während eine geringe Zahl Reime, einer bis drei für die Strophe, der volksthümlichen Dichtung und daher der sich an sie lehnenden frühesten Kunstpoesie eigenthümlich ist. Von Guilhem's von Poitiers 12 Liedern haben drei nur 1 Reim, acht 2, nur eins 3 Reime. Von den acht zweireimigen lassen sechs den ersten wechseln, während der zweite durchgeht; unter 39 Gedichten Marcabrun's ist eins einreimig, elf mit 2, zwölf mit 3, aber auch schon elf mit 4 Reimen, nur drei mit 5 und eins mit 6. Schon bei Bernart von Ventadorn haben die vierreimigen Strophen das grosse Uebergewicht. Unter 43 Gedichten sind: ein einreimiges, sieben mit 2, fünf mit 3, zweiundzwanzig mit 4, vier mit 5, drei mit 6, und eins mit 8 Reimen, und die vierreimige Strophe bleibt für die Folge die weitaus häufigste.

Den Typus unserer Form, d. h. éinen abweichenden Reim nach mehreren gleichen haben in der provenzalischen erhaltenen Literatur etwa 12 Lieder, darunter eins von Guilhem von Poitiers (No. 10) und drei Balladen (Gr. 461, 12, 69, 73).

Das Gedicht ist erst kürzlich von Chabaneau in der Revue des langues romanes Bd. XX, p. 139 zum ersten Mal gedruckt. An einigen Stellen glaubte ich von seinem Text abgehen zu müssen.

---

[1]) für a′ s. oben p. 31.

Kleine Abweichungen beruhen auf verschiedener Lesung der Handschrift (z. 11, 27, 33).

Dous' amiga no·n puesc mais,
mout me pesa qar uos lais
e .... esmais;
e teng m'o a gran pantais,
qar no·us abras e no·us bais
e departen nostr'amor.

D'aitant sab*chas* mon talan,
qe anc femna non amei tan,
e no·us *en* aus far semblan
ni trob per cui uos o man;
vau m'en; a dieu uos coman,
al espirital seinhor.

Non puesc mudar qe no·m plagna,
qar se part nostra compagna;
eu m'en uauc en terra estragna;
mais am freidura e montagna
no fas figa ni castagna
ni ribeira ni calor.

Lai s'en uai mos cors marritz,
e çai reman l'esperiz;
et ai tant los uls fronçitz
qe m'en dolon las raïtz;
mal o fai qi·ns a partitz,
e non puesc auer baudor.

Sans e sals fora eu gueritz,
qant serai acondormiz,
si fos de leis tant aisiz,
q'en semblant d'una perniz
li baises sos oils uoltitz
e la fresqetta color.

Dous estars lai m'es ardura,
e bons conortz desmesura,

---

1. Dousa amiga. — 3. redolmein 7 e.
7. sabeos. — 9. en *f.* — 11. Vai. — dieus.
17. Nos. — figu.
20. les esperiz.

e sazïontas fraitura,
e dïas clars noitz oscura;
per mon iouent qar peiura
ai marriment e dolor.

. . . .
. . . .

---

34. *7* noit.
37. Noch ein unvollständiger Vers: parlan uauc fasc forsatz. Dann ist für zwei oder drei Strophen Raum gelassen.

Anmerkungen.

1.

v. 19. -ls ist hier Dativpronomen, wie öfter in späterer Zeit, wie ich es aber aus der classischen Trobadorzeit nicht zu belegen vermag. Gewöhnlich ist die Verwendung von *los* und *-ls* für *lor* im Katalanischen: vos *lus* dirctz Rec. I, No. 30,19. que·*ls* donas consell Hofmann Thierepos § 21. con los demonis ueeren aquesta anima que·*ls* era atorgada, totz uengueren etorn deyla Ztsch. f. rom. Phil. IV p. 326. que·*ls* en dam solta de Deu Rev. d. lg. rom. II p. 161. que·*ls* faessem carta ib. 165. e aço *lus* prometen — que aço ·*lus* attendriem ib. etc.

v. 25. sostraire c. acc. pers. wird von Raynouard mit „abaisser" übersetzt: Deman ben leu pot esser *sotraitz*. Ganz ähnlich wie hier sagt Bernart von Ventadorn 18,4: Jeu suy selh que res no tira, sitot ma dona·m *sostray*, ia de re no·m clamarai. Italienisch heisst sottrarre „verkleinern, verlästern, die Ehre schmälern".

v. 27. Mit der Uebersetzung „hartnäckig sein" für sé aturar kommt man auch an dieser Stelle aus. Rancurar in der anderen Handschriftengruppe ist ein geläufigeres und daher verdächtigeres Wort.

v. 32. Raynouard führt unter apagar auch Formen des Verb apaisar auf, den Infinitiv nennt er nicht.

v. 44. uuelh trat schon v. 30 als Reimwort auf.

vv. 47—49. Die Bitte ist nicht selten bei den Trobadors. Bernart von Ventadorn stellt sie in drei Gedichten: No. 26, 27 und 44.

v. 50. Wie im 2. Gedicht v. 64 wird hier der Name Petrus provenzalisch einsylbig gebraucht. Raymbaut d'Aurenga 8 A, v. 1, 29 verwendet zweisylbiges Peire. Peir findet sich auch im Johannesevangelium als Nominativ, gegen Peire im Obliquus; frair, pair ohne e sind häufig.

v. 52. rauguelhar. Die meisten Handschriften haben an Stelle des g ein ss. Raynouard übersetzt das Wort mit „râler". Im Zusammenhang mit raucus ist rauguelhar wie raussuelhar möglich. Für die Ableitung der letzteren Form tritt lat. raucidulus vermittelnd ein (raucidus: raus = rancidus: rans). Für die poetische Verwendung des Begriffs vergl. Peire d'Alvernhe 9: et ieu suy del castiar *raucx* e no mi ual ges una mora (Petrarca: E son già *roco*, donna, mercè chiamando. Son: Amor m'ha posto come segno a strale).

2.

v. 15. Cominal scheint aus der Bedeutung „gemeinsam" zu der von „gleich" fortgeschritten zu sein, denn diese wird vorausgesetzt durch die andere: „gleichgültig", welche das Wort Beatritz de Dia W. I, 85 hat: Cum que m'an vos es *cominal,* an me ben o mal atertal.

v. 22. „sich schnüre noch sich spiegele".

v. 26. saber sal „nach Salz schmecken". sal in übertragener Bedeutung wird von Raynouard belegt. Die Wendung saber sal kehrt Ged. 105,3 wieder: E qar non ueeilh mos chantars *sapcha sal,* Ni c'om lo deia en nuilha cort grazir, I met primier per desasaborir Lo uieilh seinhor del Tor qar ren no ual.

v. 27. faire a c. Inf. wird von Stimming zu Bertran de Born 6,52 und 35,39 besprochen. Er spricht faire die Bedeutung „handeln" ab und legt ihm die von „sein" bei. An unserer Stelle kommt man mit „sein" nicht aus. Faire hat auch in dieser Construction factitive Bedeutung: „handeln in solcher Weise, bewirken — dass".

Der folgende Infinitiv hat unbestimmtes Subject, hier also: „solche Fraue bewirkt dass man gern lebt". Die Präposition a drückt die Angemessenheit des Thuns aus; faire blasmar heisst „bewirken dass man tadelt", faire a blasmar „bewirken dass man zu tadeln geneigt ist".

Ist der Infinitiv der eines transitiven Verbums, so ist sein Object meist gleich dem Subject von faire und wird dann als selbstverständlich nicht ausgesprochen; in diesem Falle kann man natürlich faire a mit „sein zu" übersetzen. Häufig ist Subject zu faire aber auch ein Satz und dann gewinnt fai den Anschein eines unpersönlichen Ausdrucks. So verstehe ich Bertran de Born 39,1: Senher en coms, *a blasmar Vos fai* senes falhia Quar noi ausetz anar. Die Stelle übrigens, welche Stimming aus P. Vidal 8 für unpersönliches faire citirt, zeigt persönliche Construction: Aitals reis *fari'ad aucir* Et en lag loc a sebelir Qui·s defen a lei de contrag E no pren ni dona gamag.

v. 28 ff. Das Verständniss dieser Strophe ist nicht ohne Schwierigkeiten. Vielleicht lässt sie sich so übersetzen: „Wenn sich dreissig um sie bemühen, darüber erzürne ich mich keineswegs (gegen wen sie will mag sie lügen, da sie mir gegenüber geruht sich zu rechtfertigen [über das was sie jenen gesagt hat]), denn dann weiss ich (ja) wohl und glaube, dass keiner eine so treffliche Dame hat, wenn jeder sie für sich lobt; denn, wenn er eine ebensolche hätte, könnte er (ja) ohne sie leben."

v. 32. Peire Rogier verwendet sowohl cre wie crey als 1. Person praes. ind. im Reim. s. 3,48, 4,31.

v. 46. sé prezentar ist bei Raynouard nachzutragen.

v. 49. „denn ich habe es bei mir auseinanderzusetzen, auszumachen".

v. 56. Während in der vorigen Strophe nur von éiner hypothetischen Person die Rede war, werden hier mehrere vorausgesetzt. Virar wird gewöhnlich mit vas construirt, hier drückt der Dativ die Richtung aus.

3.

v. 6. Ueber die Endung -etz der 2. Personen plur. hat Thomas in den Arch. des Missions 3ième série t. V 1879 p. 440 ff. gesprochen. Die Endungen vertheilen sich so, dass Praes. conjct. I und Futurum aller Conjugationen -étz haben, Praes. indic. II und III und Indic. aller Perfecta -ètz. Doch finden gelegentlich Abweichungen resp. ungenaue Reime statt. Flamenca 5070 ist av*ez* mit tr*és* gereimt, im Ensenhamen des Amanieu des Escas Chrest.[3] 327,8 pod*etz*: bastir*etz*. Thomas hat unterlassen vom Conjct. Imperf. zu sprechen. Die Endung in dieser Form ist geschlossen: Flam. 5888 volcs*és*: v*éz*, 6359 anass*éz*: parl*éz*, 6862 donass*és*: v*és*.

v. 23. Die Wahl zwischen den Strophenfolgen der beiden Gruppen ist schwer zu treffen. Der in ABDJKN zu folgen hat mich besonders v. 34 bestimmt, welcher sich an 33 besser anschliesst als es v. 23 an den Schluss der vierten Strophe thäte; stellt man Str. 4 vor 3, so muss *o* in v. 34 auf das folgende bezogen werden.

v. 26. „Wie sie sich zu mir verhalte" (?), oder liest man besser que und übersetzt: „wie ich mich (dabei) befinde"?

v. 28. quetz erscheint hier mit offenem e gereimt, im Widerspruch mit der Angabe des Reimwörterbuchs, mit der Etymologie und mit dem Verhalten der Schwestersprachen.

v. 39. lameissetz, lamissetz haben alle Handschriften. Ist meine Auflösung in „illam amem ipse sextus" annehmbar?

Die gewöhnliche Form der Ordinalzahl ist seizê. Wir haben aber in den anderen romanischen Sprachen die auf sextus zurückgehenden Formen: afrz. sist, ital. sesto, span. sexto und schon vulgärlat. sistus, und auch provenz. die Ableitung sestier, und von dieser sesteiral, sestairada. Nun wäre freilich einem vulgären sistus gegenüber ein geschlossenes e zu erwarten, doch hat ital. sesto offenes e, afrz. i erklärt sich aus iei, und in der Flamenca v. 294—295 reimt fèsta mit ora sexta, also ist sèsta anzusetzen. Die Formeln lui quart etc. pflegen im absoluten Casus zu stehen, aber der hier angewandte Nominativ (setz: sestz = Critz: Cristz) ist grammatisch vollkommen berechtigt.

Auch eis als Vertreter des Pronomens in der Formel kann ich nicht anderwärts belegen, und so will ich denn auch im Hinblick auf diese Schwierigkeiten meine Erklärung des Ausdrucks als einer unserem „selbsechster“ entsprechenden Verbindung nur unter allem Vorbehalt geben.

v. **56.** mai que mai übersetzt Raynouard mit „de plus en plus“. Noch neuprovenzalisch kommt die Verbindung vor; man findet sie in einem Gedicht: Peire Rogier (aber nicht unser Dichter) vom Abbé Joseph Roux, Revue des lgues rom. XX, p. 89. Die französische Uebersetzung giebt es dort mit „surtout“ wieder und dieselbe Bedeutung nimmt jetzt auch Bartsch in der letzten Auflage der Chrestomathie an. „Ueber Alles, sehr wohl“ muss es auch an dieser Stelle heissen. Italienisch heisst più che più „gar sehr“. Zur Erklärung mag man eine Ellipse annehmen, etwa hier mai que mai puesc. Vockeradt erklärt più che più gleich „mehr als mehr“.

Die mss. BCN scheinen *m'ai que m'ai* verstanden zu haben.

v. **57.** Wir haben hier in ieu ein anderes Beispiel für die Wiederholung des an die Spitze des Satzes gestellten pronominalen Subjects, wenn dasselbe durch eine Einschiebung vom Verb getrennt ist, wie dieselbe im Boethius v. 106 vorliegt und v. 99 vielleicht einzuführen ist. Ein weiteres Beispiel ist bei Peire Milo Ged. 918,2 cant *il* uas lui *il* coren ses reuel.

4.

v. **6.** Gaucelm Faidit 35,5: Per qu'om no's deu per gaug trop esjauzir Ni per ira trop esser angoissos.

v. **16.** Man sollte statt des Indicativ esdeue eher den Conjunctiv esdeuenga erwarten.

v. **17.** „Und wann denn? Willst du das irgend mit Bezug auf mich sagen?“ Nur auf die letzte der zwei Fragen wird in der nächsten Zeile Antwort gegeben.

v. **18.** Der Sinn scheint mir durchaus das freilich nur in C überlieferte dols zu verlangen. Entweder wird die Urschrift einen Fehler gehabt haben, den nur der Schreiber von C bemerkte, oder aber eine falsche Auffassung verleitete die Schreiber der beiden Vorlagen für DJK und für MRT den gleichen Fehler einzuführen.

v. **24 ff.** „Thöricht bist du. — warum? — bei Gott, du quälst dich ab und dafür .... — sprich doch! — aber umsonst bemühst du dich darum (der vorher begonnene Satz wird gar nicht zu Ende geführt). — was weisst du? — ich höre es sagen. — weisst du was?! — sprich! — lass mich ganz gesund werden (d. h. überlasse es mir). — gern, thu alles, was dir gefällig ist.“

v. 37. quar am Anfang des Satzes ist auffällig, denn causales Verhältniss existirt wohl zwischen der zweiten und der ersten Hälfte dieser Zeile, nicht aber eigentlich zwischen ihr und der vorhergehenden. Die Gedankenverbindung wäre etwa: „Ich stimme dir bei, denn du hast (ja) sehr Recht" etc. Der Vers ist ironisch zu nehmen.

v. 38. In den letzten 3 Sylben des Verses weichen alle Handschriften voneinander ab. Es scheint als hätte in der ersten Vorlage e r a s s e gestanden, gegen dessen Existenz neben jasse, desse, ancse auch kaum viel einzuwenden wäre, doch wird es meines Wissens nirgend sonst belegt.

v. 54. Zu erfahren wer Don Santz gewesen, und auf was für einen Vorgang sich diese Tornada bezieht, finde ich keinen Anhalt.

5.

v. 14. In Wiedergabe der beiden Pronomina weichen die zwei Handschriftgruppen voneinander ab. Meine Lesung scheint mir die wahrscheinlichste. Die Strophe mit ihren pedantischen Schlussfolgerungen ist recht schwerfällig.

Als Reimwort haben alle Handschriften das schon in v. 7 reimende soste. Hier oder da wird Aenderung nöthig sein.

v. 25. Wenn man Hochmuth, Leid, Unrecht und Schaden nicht duldet, thut man der Dame Uebeles an; dann ist also Uebel auf beiden Seiten, und das ist nicht Liebe, sondern Krieg. Auch hat man kein Anrecht auf Liebe, wenn die Dame selbst Uebeles davon erfährt.

6.

v. 21 ff. Die Lesart der Gruppe I ist:

Pero manz n'i aura gelos,
que diran: mens e no·n es res; —
d'aisso no·m cal ni no m'es ges,
qu'ieu me say cossi s'es de liey.

Aber Rc, die sich sonst ihr anzuschliessen pflegen, weichen hier ab. V. 23 fehlt in O ganz, so dass eine Verstümmelung in der ersten Vorlage dieser Gruppe nicht unwahrscheinlich ist.

v. 39. Vergl. Bernart von Ventadorn 33,5: Sil que cujon qu'ieu sia sai, No sabon ges cum l'esperitz Es de lieis privatz et aizitz, Sitot lo cors s'en es lonhans.

v. 40. Keiner der in den — übrigens stark auseinandergehenden — Handschriften überlieferten Verse scheint mir hier annehmbar; man erwartet etwas wie: lo sens qu'ieu ai totz es ab liey. Dafür giebt die Mehrzahl der Manuscripte nur eine Umformung des achten Verses.

v. 54. pres wird von Bartsch in der Chrestomathie mit prêt übersetzt. Mit Unrecht, denn erstens müsste s hier für tz stehen, was bei klassischen Trobadors nur ausnahmsweise vorkommt und bei Peire Rogier nicht gefunden wird, und zweitens muss prest ein offenes e haben, während der Reim geschlossenes verlangt. Pres ist als Particip von prendre zu verstehen: „bin ich (denn) gefangen?" (Tobler: Mit der Antwort vgl. Ch. lyon 1940).

v. 60. Sauez war eine kleine Landschaft in den heutigen Departements Gers und Haute Garonne, welche von der Save, die sie durchfliesst, ihren Namen erhielt. Sie unterlag der Suzeränität der Grafen von Toulouse, und war im 13. Jahrhundert, vielleicht auch schon im 12. in Händen der Herren von Comminges (Vaissette III [1] pp. 74, 391, 421, 440). Beim Mangel jedes weiteren Anhalts müssen wir unbestimmt lassen, wer hier mit Dreit-n'avetz bezeichnet wird.

7.

v. 9. Raynouard übersetzt im Lexique quan que tir für diese Stelle sehr ungenau mit „quoiqu'il arrive". Tirar ist auch in dieser Verbindung „hinziehen, verzögern, widerstreben".

8.

v. 15. Vergl. Bartol. Zorgi 12: On hom plus aut es pujatz, Mais pot en bas chazer, si no sap retener Lo sentier, don es guidatz. Aehnlich ist unten IV, v. 1, s. Note dazu.

v. 21. Mit tener sollte eigentlich nur condugz, nicht dos construirt sein.

v. 29. Die Warnung vor trop sen kehrt oft bei den Trobadors wieder: Aimeric de Pegulhan 50,2: E non es bon c'om sia *trop senatz*, Que a sazos non sega son talen, E si no i a de chascun mesclamen, Non es bona sola l'una meitatz, Car ben deven hom per sobresaber Nescis, e·n uai maintas uetz follejan, Per que s'eschai qu'om an en luoc mesclan Sen ab foldat, qui·ls sap gen retener. Cadenet 2,2: A faire ric uassalatge S'eschai ben c'om aja sen, Pero plus ardidamen O fai qu'i mescla follor, Car anc bon enuazidor Non uim, si non fetz follia, E no·is taing ies c'om s'albir Tot so que·n pot auenir, Car ia ren ben no faria. Guiraut de Bornelh 1,6: E qui que apel *trop pensar* Saber, ieu dic qu'ans es follors. ders. 31,2: E no·m par qu'om sia cortes, Qui tot iorn uol esser senatz; Trop m'agrada bella foudatz. Lamberti de Bonanel 9,5: Quar en amar non sec hom drecha via, Qui gent no sap sen ab foldat despendre.

v. 36. Wie die Handschriften an dieser Stelle zwischen plazer und caber schwanken, so haben auch in Peire Vidal's Lied: Quant hom es en autrui poder vier der zwölf von Bartsch benutzten Handschriften caber, die anderen plazer. Bei Peire Vidal scheint ausser dem Handschriftenverhältniss auch der Gegensatz zum desplatz in der dritten Zeile der Strophe plazer zu verlangen. Beide Wendungen sind nicht ungewöhnlich, man vergl. Bertran Carbonel's 64. Cobla: Per que aquel, c'*al segle* uol *plazer*, Se deu penar de far e dir plazer. und desselben Cobla 73: Per c'om se deu esforzar, qui *caber* Vol *el segle*, d'onor e pretz auer.

Dass der Vers bei Vidal auf Peire Rogier's Lied Bezug nimmt, nicht nur zufällig ähnlich lautet, beweist der Anfangsvers der nächsten Strophe: Tant ai de sen e de saber, also mit v. 8 unseres Liedes übereinstimmend; und v. 28: e non ai gran cura d'auer erinnert wenigstens dem Sinne nach an unseren vierten Vers. Ferner ist die Form zu beachten. Wie bei Peire Rogier haben wir achtsylbige Verse. Die Reimstellung ist dort a b b a c c d d gegen a b b a c c d hier. Reim a ist -er, d -os wie bei Rogier. Nachahmung in der Form ist also kaum zweifelhaft. Dürfen wir nun schliessen, dass auch Peire Rogier's Strophe musikalisch achtzeilig gewesen ist, dass der letzte Vers doppelt gesungen wurde, wie wir es bei Gaucelm Faidit's Lied gefunden haben? Es wäre dann hier ein neuer Beweis für die Unzulänglichkeit des Textes für Beurtheilung des Strophenbaus.

Wie Peire Vidal dazu kam, sich grade unseren Dichter zum Vorbild für sein Lied zu nehmen, erfahren wir vielleicht aus der ersten Tornada: Domna, per uos am Narbones E Molinatz e Sauartes E Castell' e·l bon rei n' Anfos, De cui sui caualiers per uos. Ermessinde, Ermengarde's Schwester, war durch die Verheirathung mit Manrique de Lara, einem der mächtigsten Granden Castiliens, Herrin von Molina geworden. Peire Vidal richtete also sein Lied vermuthlich an eine nahe Verwandte Ermengarde's und er mag sich deshalb der Anklänge an deren wohlgelittenen Sänger bedient haben.

v. 37. Vergl. B. Carbonel 39: Atressi tanh als fols dire plazer Co als sauis, cant se pot eschazer. Raimon von Avignon: Qui m'en uol creire, bos fols sui E sauis be, quan trop ab cui.

v. 40. assaiar mit persönlichem Akkusativ heisst sonst „erproben, examiniren", hier „behandeln (um ein günstiges Resultat zu erzielen)". Die Bedeutung ist mir sonst nicht vorgekommen.

v. 50. Neben dreisylbigem Raymbaut kommt zweisylbiges Rambaut vor, da aber die dreisylbige Form in v. 1 verwandt ist, ziehe ich sie auch hier vor und lese mit R: ie·m n'iray.

8 A.

v. 7. cofes „schuldig, nicht im Stande zu bezahlen" vgl. Bertr. Carbonel 43: D'omes trobi, que ab lur gent parlar Vos lunharan un deute, si·l queres; E·l poyrian leugeyramen paguar, Mas cobeitatz los fai fenher *cofes*.

v. 14. passar pel uer. Die Wendung ist aus dem Afz. bekannt. Man vergleiche die Anmerkung zum Chevalier au lyon ed. Holland v. 524.

v. 16. Vom Narren wird gesagt: Gr. 461, 86 (Arch. 34,438) Qe sos lausamens es blasmars, e sos blasmes es lausars. Bertran Carbonel 45: e·l fols, on pus uos blasmara, Adoncas pus uos lauzara.

v. 23. quals sui o drutz. Eine eigenthümliche Construction, von der ich kein zweites Beispiel kenne. Von den zwei vorliegenden Möglichkeiten wird nur nach der einen gefragt; die Antwort hierauf entscheidet auch für den anderen Fall.

v. 28. Mas ist wohl in kausaler Bedeutung zu nehmen.

v. 31. Wenn meine Lesung der Stelle richtig ist, muss wohl Peire seinen fürstlichen Freund zur Weihnachtszeit besucht haben. Der Plural von auen war der alten Sprache geläufig und ist es noch heut dem Volke. Siehe die Note bei Littré: Avent: Ne dites pas „c'est aux avents que j'irai me confesser"; mais dites „cest à l'avent". Les avents pour l'avent, c'est un provincialisme, comme on le voit par le picard.

v. 50. Der Versteckname Bon Respieg erscheint wieder in der Tornada des Liedes: Un uers farai de tal mena. Der Dichter fährt in unserem Liede in der dritten Person fort. Der Versteckname wird also hier nicht die Dame bezeichnen, während man das aus dem anderen Gedicht schliessen möchte.

v. 52. Die Vorstellung des Erhängens ist der modernen Dichtung nur in sehr beschränktem Masse zugänglich; nicht so der provenzalischen. Man vergl. Bernart v. Ventadorn 4,3. Gaucelm Faidit 43. Guiraut von Bornelh 48. Peire Vidal 33,3. Uc von St. Circ 34,2 etc.

9.

v. 3. In der Handschrift steht redolmein (nicht redolmen wie Chabaneau angiebt) 7 esmais. Chabaneau's Lesung ve dols m'en ist unmöglich; das Subject kann nicht ve von m'en trennen. Man könnte an das ital. ridolersi „sich beklagen" denken, denn esmais kommt auch als 1 pers. sgl. praes. ind. vor, s. Ged. 331,5 (wo der Reim s verlangt, die Hds. allerdings hat nur esmai), oder man kann etwa ändern in be dol m'en us esmais.

v. 6. Ich glaube nicht, dass Chabaneau's Correctur departem nöthig ist.

v. 7. Sabeos der Handschrift erklärt Chabaneau als sabetz vos. „Il y a d'autres exemples de pareilles contractions." Auch bei Trobadors? Auch dem Sinne nach scheint mir der Indicativ nicht gut zu passen. Ob ein e oder c nach dem b steht, lässt übrigens die Handschrift nicht gut erkennen.

v. 22. Welches ist hier die specielle Bedeutung von raïtz, auf Augen oder Stirn bezogen? Ich kenne keine Parallelstelle.

v. 23. Das Manuscript hat ma lo, was nicht, wie Chabaneau gethan hat, in mas so zu ändern ist.

v. 28. perniz = ital. pernice, prov. perditz.

v. 33. sazïontat, nicht bei Raynouard, von sazïon nach sacietat, saturitat gebildet: „Fülle, Ueberfluss".

Peire Rogier mit Unrecht zugeschriebene Lieder.

I.

Gr. 9, 11.

Das Gedicht steht nur in den Handschriften L 140 und T 209. In T hat eine zweite, spätere Hand mit blasserer Tinte andere Lesarten über einzelne Worte des ersten Textes gesetzt. Doch beschränkt sich diese Einzeichnung auf die erste Strophe und auf Verwandelung des *c* von *cieu* v. 11 in *q*. Ich bezeichne diese Aenderungen mit T^2, den älteren Text mit T^1. Wo ich T setze, existirt nur die erste Version.

T schreibt das Lied Peire rugier, L Aymeric de Belenoi zu. An des letzteren Autorschaft kann kein Zweifel sein. Das Gedicht reiht sich einem Liedercyclus ein, dem ausser diesem in Bartsch's Verzeichniss noch No. 3, 8, 12 und 15 anzugehören scheinen.

Die zeitlichen Grenzen von Aimeric's dichterischer Thätigkeit sind noch nicht mit Sicherheit gefunden. Diez (L. u. W. p. 558) scheint nicht abgeneigt ein Lied des Dichters auf den Kreuzzug Richard's Löwenherz zu beziehen, während für das Klagelied auf den Tod Nuño Sanchez' das Jahr 1240—41 angesetzt wird; ja, Milá (trovadores en España p. 197) glaubt sogar, dass Aimeric noch am Hofe Alfons' X. von Castilien (1252—84) gelebt habe. Aus der Anspielung auf König Philipp im vorliegenden Gedicht (v. 24) darf man schliessen, dass dasselbe vor 1223 verfasst wurde.

Die v. 57 genannte Gräfin von Sobiraz kommt noch in einem anderen, theils Aimeric de Belenoi, theils Aimeric de Sarlat zugeschriebenen Gedichte vor (Gr. 11, 2). Nach Milá (p. 185 Anmerkung 23 und p. 352) ist unter ihr die Gemahlin des letzten Grafen von Urgel zu verstehen. Elvira, Ermengaud's von Urgel (1183 bis 1208) Gattin wird 1185, noch nach ihrer Vermählung, mit diesem Titel benannt. Mit dem König von Aragon v. 53 ist dann wahrscheinlich Pedro II. (1196—1213) gemeint.

Die Form des Gedichts gehört zu den gewöhnlichsten in der provenzalischen Literatur. Ich habe mit gleicher folgende Nummern des Bartsch'schen Verzeichnisses notirt: 10, 33; 80, 6; 437, 31; 80, 34; 82, 87; 234, 3; 265, 3; 335, 57; 461, 33. Keins dieser Gedichte hat aber gleiche Reime mit Aymeric's, eine Nachahmung ist also bei der Einfachheit der Form nicht anzunehmen (dagegen sind die Reime der sechs zuletzt aufgeführten Lieder dieselben).

Zu erwähnen bleibt noch, dass in v. 27 epische, in v. 18, 49, 51 57 lyrische Cäsur ist. Ueber v. 54 vergl. die Note.

Gedruckt ist das Gedicht nach L im Archiv 34,437 und bei Mahn Ged. 903. Die erste Publikation weist der zweiten zufolge eine ganze Reihe von Lesefehlern auf.

Ich folge der Orthographie von L.

Ja no creyray q'afanz ne cossirers
ne grieus sospirs nj plaigners nj plorars
ne grantz trebaillz ne fiers maltraich sobrers
ne loncs desirs n'endura ne ueillars
hajon poder de nul home aucir,
ni per amor puosca nuillz hom morir,
qar jeu no muor, e mos mals es tan grieus,
per qu'ieu no crej q'anc en moris n'Andrieus.

Q'anch nuls amanz ne nuls penedenchers
no trais lo mal ne la dolor, nj l'ars,

---

1. n. c.] no er credut (credutz L) L T[1]. — cafan T[1]. quafan T[2]. — consirier T. — 2. greu T. — sospir T[1]. — plaigner L. plagner T. — plurar T. — 3. trabagll T. — fer T. — maltrait T[1]. — 4. lonc desir T. — n'e.] ni ira T[1]. pauc dormyr T[2]. — uegliar T. — 5. omē T[1]. homo T[2]. — aucire T. — 6. nul T. — 7. mal T. — greu T. — 8. que anc T[2]. — en] ſ. T[1]. no T[2]. — n'A.] nadrieus T[1]. andrieu T[2].

9. Anch T. — 1. nuls] miltç (?) T. — e T. — 10. dolors T. — lar T. —

q'ieu haj soffert plus de cinc ansz entiers
per lei, a cui amors nj mercejars
no ual siuals d'aitan, qe no·m aïr
lo sieus gens cors, car jeu m'aus enardir
de leis amar, *qe* uoill mais esser sieus,
que senes lej lo montz sia totz mieus.

Qar tant m'es dolsz de leis lo deszirers,
plus qe d'autra lo jasers ne·l baisars,
q'ieu estauc chaj sos paubres soudaders
e·n laiss ma terra e mantz de ricx afars,
qar senes leis no puosc rix deuenir,
mas si·ll plagues, ela·m pogr'enrichir;
q'aqel rich joj de s'amor mi des, dieus!
lo rejs Felips tenria pueis mos fieus.

Tan es sos prez uerais e dreichurers
e·l sieus gajs cors onratz e fins e cars,
qi·n parlaria scemblaria ufaners,
q'aissj con coill totas aiguas la mars,
sab tot bo pretz retener e chausir;
e en totz temps hom no poria dir
la gran beltat nj escriure ẹn brieus
del sieu cors clar plus qe rosa ni neus.

Domna·l uostr'hom liges endomengers
e·l uostre sers humils en totz honrars
e·l uostre amicx leialx e uertaders,
q'en be amar non l'er ja trobatz pars,

---

11. cinc] dus T. — 12. ni] uau L. — mercear T. — 13. Nom T. — siuol L. — 14. sieu gen LT. — m. e.] mais desir L. — 15. qe ./. L. — q. u.] quall T. — 16. sens T. — mon T. — fos tut T.

17. Caitant medous T. — consiriers T. — 18. jaser L. giasir T. — el T. — basars L. baisar T. — 19. estara L. istauc T. — paubre T. — 20. E T. — mant T. — asars (?) T. — 21. s.] se T. — ric T. — 22. il me T. — 23. Calce T. — delsie a. T. — 24. rei LT. — felip L. phylips T. — mon T.

25. sun T. — drituriers elials T. — 26. sieu gai LT. — car T. — 27. Qem T. — parlia T. — un fumers L. — 29. totz L. — 30. tot T. — 31. beltatz L. beutatç T. — escrir en L. escriurenun T. — 32. clars L. cars T.

33. edomangiers T. — 34. seru T. — hum.] uogl T. — tot onrar T. — 35. amic T. — dreturiers T. — 36. bon T. — lj trobaresz L. — par T. —

vos qier per dieu, destreich ab gran deszir,
qe no·l fachasz plus desiran languir;
qar meiller es onrada amors en brieus
qe lonc trebaill, e per soffrir plus lieus.

Domna, per dieu no credasz lausengers,
ni·m tenga dan ab uos lo deuinars,
q'ieu non soj ges d'aqels amantz leugers,
qe·s uan gaban, a cuj noz trop parlars;
ansz uoill mon cor tant celar e cobrir,
qe s'ieu tot mor, no·us uej nj uos remir;
pels fals desfaitz pejors qe canjneus
m'estrag de uos e *muou ues* autres *treus.*

Bona domna, per uos plang e sospir,
e qant de uos me conuen a partir,
no presera tot lo contat d'Angieus,
q'eu no annes per uostr'amor romjeus.

Franch reis gentils d'Aragon, gran deszir
haj q'ieu uos ueja las armas baillir,
qar crestians, saracins ne judjeus
tan ricx afars no saup far bons e lieus.

La contessa de Sobiraz sab dir
e far plaszer, per q'hom no·s deu soffrir
de sa lausor; tan l'ha onrada dieus,
qe totz prez ual, mais de midonz, lo sieus.

II.

Gr. 32, 1.

Dieses Gedicht findet man in C 359, E 71, M 134, R 88, S 214 und ausserdem im Breviari d'amor (*α*). Diese Handschriften theilen sich den vv. 40, 42 (24?) zufolge in zwei Gruppen I CEM, II RS*α*.

Innerhalb der ersten bilden EM wieder eine Unterabtheilung, man sehe die Varianten zu vv. 7, 10, 12, 16, 18, 24. In der zweiten dagegen liegen die Verhältnisse nicht ganz klar; *α* scheint der Handschrift S am nächsten zu stehen (s. vv. 5, 17, 28, das

37. dieus L. — destrech T. — am T. — 39. miegllіors T. — e b.] eleus T. — 40. für lonc Lücke in L. — , e bis lieus] soffrir pessan e greus T. — Hier schliesst T.

48. muor uos autres tieus L. — 52. amors L. — 54. uej L.

Fehlen von 46—49), aber andrerseits haben RS auch gemeinsame Fehler α gegenüber (s. vv. 10, 20, 29, 38).

Mit der Hauptgruppirung stimmt überein, dass CEM das Lied Arnaut Plagues zuweisen, während R Peirol, S Peire Rogier und α Uc Brunenc als Verfasser angiebt. Peirol's und Uc Brunenc's Namen sind auch in das erste Register von C als Varianten übergegangen. Da dem Handschriftenverhältniss zufolge CEM zusammen nur éine Stimme haben, wäre auch die Autorschaft Arnaut's nicht besonders gut bezeugt. Dass er aber in der That das Lied verfasste, lehrt uns ein Sirventes Uc's von St. Circ, welches beginnt:

Messonget, un siruentes
m'as quist, e donar lo t'ay
al plus tost que ieu poyrai
el son d'en Arnaut Plagues.

Das Gedicht hat nicht nur dieselbe Form wie das vorliegende, sondern auch gleiche Reime. Ebenso verhält sich Folquet's de Romans Sirventes No. 14 zu unserem Liede.

Gleiche Form wendet Uc von St. Circ noch zweimal, in den Gedichten 15 und 34 an, und diese beiden entsprechen sich untereinander nicht nur in der Anwendung derselben Reime, sondern auch derselben Reimwörter.

Da Uc's von St. Circ dichterische Thätigkeit (nach Diez) etwa in die Jahre 1200—1240 fällt, ist es nicht möglich, dass wir unter dem hier in der Tornada genannten König von Castilien Alfons X. zu verstehen haben, wie Milá (p. 197) meint. Es kann Ferdinand der Heilige sein, oder nach Diez' Datirung von Folquet's Sirventes: vor 1220 [1]) eher noch Alfons VIII. (1158—1214).

Gedruckt ist das Gedicht bisher im Parn. occit. p. 357 und nach α bei Azaïs v. 31643 ff. und Ged. I, p. 215.

Ben uolgra midons saubes
mon cor ayssi cum yeu·l say,
e que·l plagues qu'ieu fos lay,
on es sos guays cors cortes.
e si dic sobransaria? —

[1]) L u. W. p. 561.

1. sabes S. — 2. ausi S. — y.] el E. ieu Mα (Azaïs). — 4. g.] gens S. hinter cors α. — Ab lo sieu gai c. c. R. — 5. sieu dic M. sai dicz S. ay dig α. —

dịguas. — e cuias que sia?
yeu no, que no·m sent tan ricx. —
suefre e no t'amendicx,
que de ben leu s'auenria.

Avenir deu? no pot ges. —
no ṗot lo? per dieu, si fay. —
e quom? — yeu uos o diray. —
diguatz cum. — s'a lieys plagues. —
plazer? a lieys cum plairia? —
leuet, s'amors o uolia. —
amors! — yest li enemicx? —
yeu no, ans estauc enicx
a quascun que la gualia.

Suefre e uenra t'en bes. —
e cum? que·ls mals ades n'ay. —
mals? non ho diguas iamay. —
e per que? — quar no i es. —
non es mals qu'aịssi m'aucia
languen? — non ges, quar·un dia
er tos bes, si non t'en gicx,
ab sol quẹe no la cambicx. —
e morray?! — oc, si·s uolia.

---

6. Ueiatz M. — quo C. qieu M. — Diguas fol qe uols q̄ sia R. — 7. Non ieu EM. Jeu oc α. — no sui MR. nom soi α (Azaïs). .I. .CC. α (Hds. C) (?). — ric R. — 8. mas ges no ten gics R. — tanmendics Mα (Azaïs). tant men dis S. — 9. ben leu R. ben de leu S. mot de leu α. — sendeuēria R.

10. deu] pot C. dieus Ṛ. *f.* α. — n. p. g.] hom plages EM. o uolgues R. ses uolgues S. nos pot lo ges α. — 11. No] Si C. — lo] hom M. — si] no C. — Aquo uerament si fay α. — 12. E *f.* EMR. — u. o d.] to ensenharai EM. — o *f.* S. — 13. caleys R. — 14. a] he S. — a bis pl.] e quo li plaszeria α (Ged. = Hds. C). e cum lhi plairia (Azaïs). — 15. L.] Jeu quo α. — 16. Amor Ė. — es α (Azaïs). — li] le α (Ged.). — len (li M) donx amicx EM. — Amors oc yest lenemics R. Amors doncz est men amics S. — 17. Non ieu Sα. — nestau EM. — 18. E α. — A totz homs R. — Per sot dic quelat (qill te M) galia EM.

19. e ụ. t.] q̄nq̄r nauras R. — 20. can R. qant S. — qe mais M. q̄l mal R. quel mals α. — cades R. — vai α (Azạïs). — 21. Mal ia non R. Mais nom lo S. — ho] i M. — 22. e per q̄ zweimal R. — no i] non o Cα. ges nō R. — 23. *f.* α. — 24. Languen ges (Lauzengier M) nō quer (qar M) u. d. EM. Languen lo nō q̄n u. d. R. Languen lo noich et el dia S. Lo no quar en unh [dia *f.*] α. — 25. Ter totz bes R. Qar toz ben S. — guis S. — 26. camges E. chastics M. — E cōz q̄ nō lam cambietz R. Garda qe non tem canbis S. — 27. s. u.] gel uorria S.

Si·s uol? — oc. — ualra·m merces
ab lieys? — per dieu, non o say. —
e per que? — quar non s'eschai,
que trop t'iest en ric luec mes. —
ric, per crotz, ben o sabia. —
e doncx no fezist follia?
laissa t'en! — no m'en casticx,
qu'aisso no t'es mas destricx,
que ges no m'en laissaria.

No t'en laissarias ges? —
non yeu. — doncx aissi o fay,
cum ieu t'o ensenharai:
sias adreitz e cortes,
francx e de bella paria,
e fay so que ben estia,
quan poiras, e non t'en tricx,
qu'aissi deu renhar amicx; —
oc, e mielhs si mielhs podia.

Na Felipa, s'ieu auia
tals rictatz don ieu fos ricx,
atressi·us seri' amicx
de ben dir si cum solia.

Chanso, en Castella ten uia
al rei qu'adoba·ls destricx,
qu'om pren ab los auols ricx,
quant es en lor companhia.

---

28. Et non (nom *α*) ualgia (ualra *α*) ia m. S*α*. — 29. Ab cuj ab lieys oc (oc *f*. S) n. o s. RS. — 31. tieistz M. sest S. t'es *α* (Azaïs). — locs S. — en loc ric M. — 32. dieu R. crist *α*. — b. o] bona S. — sai E. — 33. no] se S. — 34. Laissam e R. — me S. — 35. es M. — estricx *α*. — Qe tot seria d. R. Qe ia no ter mas d. S. — 36. Ni *α*. — ges *f*. C. ia EMR. — me S.

38. Non ho E. Yeu (Eu S) no RS. — lo S. — 39. ieu *f*. C. — toi S. — 40. a.] humils R*α*. humels S. — 42. b.] gent RS*α*. — testia E. sestia S. — 43. Com S. E vor quan, fehlt vor non *α* (Azaïs). — ten] o R. — 44. Car si E. — 45. E gen si genser podia E. E miells si far si podia M. E pus gẽ si pus podia R. E gent se genser sabia S. — Hier schliesst S*α*.

46. phelippa M. — nauia R. — 47. tal ricor M. tal sieutat R. — on E. — 48. De tot uos R. — 49. E de may si mai podia R.

50—53. *f*. R. — 50. en *f*. M. — tey uia C. — 51. qui doblals C,

III.

Gr. 70, 11.

Das Gedicht wird von folgenden Handschriften mitgetheilt: C (zweimal, C^1 fo. 59, C^2.fo. 241), E 107, P 33, R 93, S 218, c 84. Von ihnen enthalten aber nur C^1E die unten mitgetheilten Strophen alle und in dieser Reihenfolge. Die anderen überliefern nur Str. 2 bis 6 und zwar in folgender Anordnung:

C^2R: 2 5 6 3 4

PSc: 2 3 5 6 4

Die sich hieraus ergebende Eintheilung in drei Gruppen wird durch die Varianten bestätigt; in der letzten sind PS einander näher verwandt. Einen engeren Zusammenhang der Gruppen C^2R und PSc, den man auf Grund ihrer unvollständigen Ueberlieferung vermuthen dürfte, würde man aus den Lesarten schwer erschliessen können [1]). Die sehr weitgehenden Abweichungen der Gruppen setzen eine sehr mangelhafte gemeinschaftliche Vorlage voraus. Die Wahl zwischen den Lesarten ist oft schwierig. Während ich für die Anordnung der Strophen C^1E zu Grunde lege, scheint mir in der Ueberlieferung des Textes mehrfach C^2R das Bessere zu haben.

Das Gedicht ist schon oft abgedruckt: Rayn III, 60, darnach W I, 18; Lesebuch nach C^1E, Ged. 340 nach R, Arch. 33, 310 nach P; und ebenso hat es häufigere Besprechung gefunden: bei Fauriel II, 33, Diez L. u. W. p. 25, Bischoff Biogr. des Trob. Bernart v. Ventadorn p. 52, Suchier im Aufsatz über Marcabru Jahrbuch XIV, 126, zuletzt von Carducci Nuova antologia 2ª seria XXVI, p. 9.

Von diesen fünf nehmen Fauriel, Diez und Suchier an, dass das Lied von Bernart von Ventadorn verfasst sei, Bischoff zweifelt, neigt sich aber wohl derselben Ansicht zu, Carducci endlich spricht sich wieder entschieden und unter Angabe von Gründen für Bernart aus.

Prüfen wir seine Gründe. Er sagt:

1. *Tre codici assegnano a Bernardo la canzone Bels Monruels, e i quattro che a lui non la danno, discordano tutti nell' attribu-*

---

[1]) Im Gegentheil zeigt c sogar an verschiedenen Stellen Berührungspunkte mit C^1E.

zione che ne fan diversa a quattro trovatori inferiori. Dagegen ist zu sagen: C¹E schreiben die Canzone Bernart zu, C²R Perdigo, P Raimon de la Sala, c Peire Rogier; in S steht das Lied ohne Namensüberschrift unter Guilhem Ademar's *Lanquan vey florir l'espija.* Das Verhältniss ist also wesentlich anders als Carducci sagt. Nur zwei Handschriften fallen auf Bernart, zwei allerdings zersplittern sich auf je einen Trobador, eine ist ohne Namensangabe; diese drei Manuscripte entstammen éiner Quelle, ihr Auseinandergehen macht also ihre Angaben werthlos, dagegen stehen den zwei Stimmen für Bernart die zwei für Perdigo gleichberechtigt gegenüber.

2. *nella canzone c'è il nome di Alice.* Dieser Grund ist schon von Suchier Bischoff gegenüber zurückgewiesen [1]; Nur afrz. ist *Aelis* die Form für das provenzalische *Azalais*, wie die Gemahlin Eble's von Ventadorn hiess. Hier ist zu trennen *na Helis.*

3. *la canzone ha tutto lo stile, il colorito, la verseggiatura delle più belle di Bernardo.* Dass die Canzone ihrem Styl und Colorit nach wohl von Bernart herrühren könnte, will ich nicht bestreiten, doch nicht allein von ihm, er ist nicht der einzige Trobador, der aus der Wärme der Empfindung heraus sang. In Hinsicht auf die Form dagegen hat die Canzone keine Aehnlichkeit mit irgend einer Bernart's. Schon oben (p. 21) habe ich erwähnt, dass bei ihm der männliche Zehnsylbner nicht strophenbildend auftritt, sondern immer nur in Verbindung mit anderen Versarten. Ebensowenig kehrt diese oder auch nur eine ähnliche Reimstellung bei Bernart wieder. In der Form hat Perdigo sogar ein weniges vor ihm voraus, indem er Strophen aus männlichen Zehnsylbnern bildet (No. 3 und 8).

4. *Risponde benissimo alle vicende de' suoi amori.* Dieser Grund steht und fällt mit dem zweiten. Von dem Ereigniss, auf das v. 38 angespielt wird, erfahren wir aus Bernart's Biographie und Liedern nichts. Abgesehen übrigens von der Verschiedenheit von *na Helis* und *n'Azalais* ist ja auch *na Helis* schwerlich mit der unten *mon Joi* genannten Dame des Dichters identisch. Das Bemühen den im Gedicht erwähnten Namen Beziehung zu Bernart's Lebensschicksalen zu geben, ist bisher resultatlos geblieben; weder

---

[1]) Jahrb. XIV, p. 126.

Monruelh, noch Elis, noch Mon Joy kommen bei ihm vor. Freilich findet sich etwas dem letzteren ähnliches wieder, nämlich im 19. Gedicht: *Estat ai cum hom esperdutz* der Versteckname *Fis Joys.* Bischoff p. 53 bezieht dieses Lied auf die Katastrophe in Ventadorn, nach seiner Rechnung etwa 1152. Er weist dabei auf die Aehnlichkeit der Namen *Dolz Esgar* und *Bel Vezer* (dieses der Versteckname der Vizgräfin) hin. Ist aber *Dolz Esgar* wirklich die Vizgräfin, dann kann *Fis Joys* sicher nicht dieselbe sein; in *Belh Monruelh* dagegen müsste *Mon Joy* nach Bischoff's und Carducci's Ansicht die Vizgräfin bedeuten.

Um die Verwirrung zu vervollständigen kommt der Versteckname *Fis Joys* auch bei Perdigo mehrfach vor, in: *Ben ajo'l mal e l'afan e'l cossir*, in: *Entr'amor e pessamen*, und ausserdem in einem Lied, welches in CR Peirol zugeschrieben wird, in V aber zwischen Gedichten Perdigo's steht und deshalb leicht letzterem zuzuschreiben sein wird: *Car m'era de joi lunhatz.* (In der Anfangszeile dieses Liedes scheint übrigens Joy allein schon den Versteckknamen zu vertreten: *Car m'era de joi lunhatz, Ai estat lonja sazo De joi e de far chanso*). Um Perdigo's Ansprüche zu stützen, könnte man auch zur Vergleichung sein Gedicht *Cil cui plazon tuit bon saber* (es ist leider nur nach dem nicht überall verständlichen V veröffentlicht) heranziehen, welches allerdings bemerkenswerthe Uebereinstimmungen mit unserem Liede zeigt. Aber das Erwähnte ist natürlich nicht hinreichend, Perdigo's Autorschaft zu begründen; ich verzichte darauf, die Frage nach dem Dichter des Liedes hier zu beantworten.

Beachtenswerth sind in dem Gedicht auch die Reime auf *-is.* Den Reim *amis* z. 3 allerdings gestatten sich viele Trobadors: Bertran de Born 8, Peire d'Alvernhe 23, Guiraut de Bornelh 13, Raimbaut de Vaqueiras 11, Guillem de Cabestanh 7, Arnaut de Maroill 7 etc. etc. und es ist vielleicht Zufall, wenn er bei Bernart von Ventadorn und Perdigo nicht zu belegen ist, denn von Bernart, unter dem doch wohl nur der von Ventadorn zu verstehen ist, sagt eine Handschrift der Razos de trobar, dass er den Reim gebraucht habe (Stengel p. 87,14). Man könnte also diesen Punkt noch für Bernart's Autorschaft geltend machen. Der Reim *amayris* v. 15 und *aucis* v. 18 dagegen ist strenggenommen nicht gestattet. Die Trobadors pflegen *-itz* und *-is* genau zu scheiden.

Beide Reime kommen bei Bernart von Ventadorn vor, *is* in 1, 20, 37, *itz* in 33, 40; jeder ist ohne Mischung mit dem anderen durchgeführt [1]). Perdigo's Hinterlassenschaft ist viel kleiner als Bernart's, nur éin Gedicht: *Tot l'an mi ten amors* zeigt den Reim *-is*, und dort ist er gleichfalls rein. Uebertretungen sind bei guten Trobadors selten, ein Fall ist Folquet de Marselha No. 23 *razis* für *razitz*. (Ueber ähnliche Reime s. Stimming Bertran de Born zu 6 z. 9).

Metrisch ist auffallend die sehr grosse Anzahl lyrischer Cäsuren: vv. 2, 3, 15, 18 (?), 25—28, 32 (?), 40. In v. 13 wäre Cäsur nach der dritten Sylbe, es ist also besser gar keine anzunehmen.

Wir kennen mehrere Lieder, die gleiche Form mit unserem haben: Bertran de Born 15; Guilhem Rainol d'At. 4, wo hinzukommt, dass der Reim a nach je zwei Strophen wechselt; Pons de la Garda 3, wo der Reim b éiner Strophe immer a der nächsten wird, während für b eine neue Endung eintritt. Zusammengehörig ist Peire Vidal's: *Drogoman seigner, s'agues bon destrier* und das dagégen in gleichen Reimen gedichtete Sirventes Sordel's: *Quan qu'ieu chantes d'amor ni d'alegrier*. Alle diese sind unserem Lied nur in Reimstellung und Versmass gleich. Auch gleiche Reime mit ihm hat aber Peire Milo's: *Aissi m'ave cum cel qu'a senhors dos*. Und zwar findet sich der Reim *is* wie in unserem Gedicht behandelt, sowohl *amis* z. 6, *enis* 21, *enemis* 36, wie andrerseits *voutis* z. 40 reimen auf *afortis, aclis, vis* etc. Wir werden deshalb und weil im allgemeinen die Trobadors in ihrer Liebesdichtung Verwendung fremder Melodien scheuten, Peire Milo noch keinen Anspruch auf unser Gedicht einräumen dürfen, wenngleich er desselben nicht unwerth erschiene; seine Lieder zeichnen sich durch Energie und lebendige Vorstellung aus, seine Bilder sind dem Leben entnommen, neu und besser als die Mehrzahl der Trobadors sie bringt. Mit dem Eigenthumsrecht der Melodien hat es übrigens Peire Milo nicht eben genau genommen. Mass und Reime seines 7. Liebesgedichts finden sich bei Peire Raimon de Toloza 16 wieder, das 9. Gedicht stimmt in Form und Reim mit B. Gr. 461, 77.

---

[1]) Doch habe ich das unedirte 40 nicht vergleichen können.

Belh Monruelh, aisselh que·s part de uos
e non plora, ges non es doloiros,
ni no sembla sia corals amicx;
francx e gentils e belhs e larcx e pros
es Monruelhs, e uos dels companhos
plus que negus de midons, na Helis.

Al chan d'auzel comensa ma chanzos,
quant aug chantar las guantas e·ls aigros
e pels cortils uey uerdeyar los lis,
la blaua flor, que nais entre·ls boissos,
e·l riu son clar desobre los sablos,
lai on s'espan la blanca flors de lis.

Lonjamens ai estat desamoros,
de bon' amor paupres e sofrachos,
per la colpa d'una fals'amayris,
qu'a fatz uas mi enjans e mespreyzos,
don ieu l'ai fag quaranta uetz perdos;
no·m laissera, tro que m'agues aucis.

D'aquestas mas fon culhitz lo bastos,
ab que m'aucis la belazer qu'anc fos;

1—6. *f.* C^{2}PRSc. —

1. Bels monruels E. — sel que si E. — 3. Ni sembla que s. E. — 5. mos ruels C^1. monruels E. — 5. 6. e vos plus que negus Dels companhos de midons C^{1}E. — 6. naelis E.

7. Ab C^{2}R. A c. — chans R. — dauzels C^{2}R. — començei c. — sa C^{1}E. la c. — sazos C^{1}Ec. chanso PRS. — 8. Quieu C^{1}E. — la C^{2}PRS. — guanta C^{2}R. gentas PS. iantas c. — el aigros (aiglos R) C^{2}Rc. e la gron PS. — 9. per PSc. — ortils C^2. cortiu PS. cortes c. — u. u.] reuirdiar PS. — lo PRSc. — lins PS. — 10. flors R. *f.* c. — q. n.] sespan c. — n.] par C^{2}R. — per los C^{1}E. entre el P. entrel S. per lo c. — busson P. bussun S. — 11. Els C^1. — rius C^1. rieus R. — clars C^{1}PS. — d. l.] corren sobrels C^{2}R. — lo sablon PS. — 12. E lai C^1. En lai E. Lau PS. La o c. — flor C^{1}EPRSc. — del R.

13. Conhdamens C^1. Cuendamen E. Lonc temps PSc. — ai] aurai PSc. — 14. frachuros C^1. — 15. las colpas S. — falsa marritz E. falsa amaris PSc. — 16. Que C^{1}Ec. — fes C^{1}E. *f.* c. — Qu'a bis mi *f.* R. — enian PSc. — tracios C^{1}PRSc. — 17. Perque ieu C^1. Percheu PS. Perqe c. — l. f.] fauc C^{1}E. nai faich (faiz c) PSc. — los quaranta C^{1}Ec. lo carantal PS. — 18. Canc no men tuelc entro quela maucis C^{1}E. Et nom lasset entro que mac aucis PS. E nō gardei tro maia aucis c.

19. E daquesta C^{2}R. Daquesta PSc. — m. *f.* C^{2}R. main PS. mains c. — coilhi PS. — 20. De PS. — mauci C^{2}R. — plus bela C^{1}EPSc. belaire R. — can PS. —

tan m'atendiey en lieis, que la seruis,
que lauzengier e sospirs anguoissos
e loncx dezirs e petitz guazardos
m'an fag estar faiditz del sieu pays.

Ben pauc ama drutz, que non.es gelos,
e pauc ama qui non es aziros,
e pauc ama qui non enfolletis,
e pauc ama qui non fay trassios;
mais ual d'amor, quant hom n'es enucios,
un*s* bon*s* plorar*s*, no fan quatorze ris.

Quant ieu li quier merce de genolhos,
ylh m'encolpa e·m troba ocaizos,
e l'aigua·m cor denan per miey lo uis;
et ela·m fai un esguart amoros,
et yeu li baiss la boqu' e·ls huelhs amdos, —
adoncx me ue us ioys de paradis.

---

21. mentendiey C^2. — per far los sieus seruis (seriurs E) C^1E. — T. uolgreu far (far *f.* P.) toz zo qe labellis PS. E uolgra far tot qa leis abelis c. — 22. E C^2R. — lauzengiers C^2R.

22—23. C^1: quels deziriers cozens e doloiros
e destorbiers e petitz guazardos
E̦: quels deziriers els sospirs doloiros
e leugiers e petitz guazardos
PS: qe lonc respiz 'e mal trait angoissos
et lausengiers a petit guierdons
c: el gai semblãt el mal trag angoissos
cilansegnor el petit guierdons.

24. Mi fan C^2R. — faidit C^1C^2ERc. — de mon C^1EPS. de son c.

Von hier an in C^2 durch Ausschneiden verursachte Lücken. — 25. Car C^1E. — drut PRS. — 26. amoros c. — 27. enfolezis C^2R. est follecris P. es folettis S. enfollentis c. — 28. a. q. n. f. † C^2. — messios C^1. — 29. damors R. — si non es angoissos C^1E. qi bien est enueios PSc. — u. d'a. c. und (enue)ios † C^2. — 30. Un C^1EPSc. I R. — belh C^1. bon E. dulz P. lag R. dolz S. dolç c. — plorar alle Hdss. ausser C^2. — faim E. fait PS. — qa tortz e ris c. — U. b. plo (ran *sic*) und q. r. † C^2.

31. ieu li *f.* C^1E. — merces c. — q. m. *f.* C^2. — nach merce: midons C^1E. — de] *f.* C^2. en PS. — 32. Quilh C^1E. Et ella P. Ella Sc. — me colpa PS. me clam c. — em cargua C^1E. e mi met PSc. — m'e. bis trob(a) † C^2. — 33. laiguan c. — (la)iguam c. d. † C^2. — dauan E. aual PSc. — 34. Et] *f.* C^1Ec. Cant R. — Elha mi C^1E. Ella me c. — sospiran C^1. sospirar E. un regard PS. uns gart qes c. — a.] bon respos C^1E. — C^2. . . . . . . un esguar am . . . . 35. E. y. l.] E mi C^1. Em E. E li c. — baiza C^1E. basai c. — Et bis baiss † C^2. — 36. Don mi sembla lo C^1. Don mi soue del E. Adonc me par un PSc. — ioi C^1EPRSc.

Mon Joy coman al uerai glorios;
l'onors, que·m fetz sotz lo pin en l'erbos
en aquel temps, quant elha me conquis,
me fai uiure e me ten delechos,
qu'ieu fora mortz, s'aquilh honors no fos
e·l bos respiegz, que mi reuerdezis.

Aquest chantars pogra ben esser bos,
qu'en Monruelh comensa ma chansos
et en mon ioi, de cui ieu sui, fenis.

IV.

Gr. 225, 11.

Das Gedicht wird uns in C 263 und in einem von Stengel in der Rivista di filologia romanza I, 25 ff. beschriebenen Manuscript 776 F 4 der Bibliot. nazion. di Firenze (von mir als h bezeichnet) überliefert. Nach letzterem findet es sich gedruckt l. c. p. 34, 35. Ausserdem ist die erste Strophe des Liedes in der Handschrift P enthalten (f. 64) und darnach Arch. 50,$_{281}$ veröffentlicht, die erste und die dritte im Breviari d'amor (v. 33262 ff. und v. 32073 ff.).

Die Handschriften Ch weisen das Lied Guilhem von Montanhagout oder Montanhagol de tholoza zu, in P ist der Name des Verfassers nicht beigefügt, das erste Register von C bezeichnet als Variante zu Guilhem Peire Rogier als Verfasser. Wir haben keinen Grund an der Autorschaft Guilhem's zu zweifeln.

Guilhem von Montagnagout gehört der Mitte des dreizehnten Jahrhunderts an (s. Diez L. u. W. 575 ff., Milá 173 ff.). Wir treffen den Trobador mehrfach in Beziehungen zu Spanien; eins seiner Lieder ist an Jaime von Aragon gerichtet, mehrere an Alfons von Castilien. Den letzten dieser beiden Fürsten werden wir auch im emperaire der zweiten Tornada zu erkennen haben; Alfons wurde 1257 zum Kaiser gewählt, so dass das Lied dann nach diesem Jahr gedichtet sein wird.

Graf von Cominges war in jener Zeit Bernard VII. (1241—94). An ihn scheint also das Gedicht in erster Linie gerichtet zu sein.

37—45 *f.* C^2PRSc.

37. gloriors E. — 38. Lonor C^1E. — 41. onor E. — 42. bon C^1E. — respieg C^1. respeit E.

43. chantar C^1. cantar E. — poiria C^1E. — 44. Que E. — 45. Et *f.* E.

Ueber den Namen in der letzten Tornada kann ich um so weniger sagen, als die Handschriften in seiner Lesart von einander abweichen.

Die Form unseres Gedichts stimmt mit der des vierzehnten Liedes des Mönchs von Montaudon überein, und die Reime hier sind dieselben wie in der ersten Strophe jenes Liedes. Abweichend aber ist des Mönchs Form darin, dass er in jeder Strophe neue Reime wählt und dass er in der ersten Zeile jeder Strophe den Inhalt des letzten Verses der vorhergehenden wieder aufnimmt. Da aber des Mönchs Gedicht erotischen, Guilhem's moralisirenden Inhalts ist, werden wir auch schon abgesehen von der Chronologie dieses als jenem nachgedichtet bezeichnen müssen.

On mais a hom de ualensa,
mielhs si deuria chauzir,
no fezes desconoyssensa;
quar hom pros pot leu falhir,
e·l maluatz al mieu albir
no falh, quan fai fallimen,
quar per deuer yssamen
fan li maluat malestan,
quon fan bos fagz li prezan.

Ges del segle no m'agensa,
quan n'aug als maluatz mal dir,
qu'ilh cujon la lur falhensa
ab lo lur mal dig cubrir;
e dona lur dieus culhir
quadan pro ui e fromen,
et an pro aur et argen,
e ia ren be no metran,
ans ualon meyns, on mais an.

1. Quant hom ai mais d. u. P. — 2. meilhs nach deuria h. — Miel se deuriaz ausir P. — 3. *f.* h. — Car n. f. d. P. Que n. f. d. α. — 4. bos C. — poit P. — leu vor pot C. leuzieremen P. — 7. d.] uer P. — 8. maluatz h. maluatz fah α. — Fai lo maluaz malestans P. — mal estans α (Hds. C). — 9. b.] ricx h. — b. f.] proeza α. — Com fai bon fait los prisans P. Quo li pros fan fag prezan α (Hds. C).

10. dels ualenz C. — 11. al C. — 12. Quelh C. — 13. los sieus mals digz h. — 14. da h. — acuilhir h. — 15. Quaran h.

Dieus, quon pot auer sufrensa
ricx hom de gent aculhir
ni de far guaya paruensa,
ni quo·s pot de dar tenir,
quan ben o pot mantenir!
mout hi fetz dieus son talen,
quar non donet largamen
a selhs que larguamen dan,
e pauc a selhs que pauc fan.

Mas ia melhur'om e gensa
en raubas et en guarnir
et en manhta captenensa,
e·s uol hom trop gent tenir;
mas en dar et en seruir
no uey far melhuramen.
e doncx, que·us faretz, manen?!
ia morretz uos quan que quan,
gardatz que·l temps no·us enjan!

Coms Cumenges, ses temensa
poiri'om a uos uenir,
que·l sobrenoms es guirensa
de uos, qui·l sap deuezir,
don paubres deu enriquir;
qu'aissi quon crezon crezen
en cumenjar saluamen,
deu Cumenges ualer tan,
que salu aquels que·l creiran.

Emperaire, pretz ualen
auetz e ualor e sen,
e quar sabetz ualer tan,
en uos uuelh daurar mon chan.

Na Guiza, ges no·m repen
de uos lauzar, quar m'es gen;
mas dels uostres tan ni quan
no·m laus, s'enquer mielhs no·m fan.

---

23. no C. ho h. — 27. f.] dan h.
28. E h. — 32. ni h. — 33. melhuiramen C. — 34. Ha doncx h.
43. cumergar h. — 44. cuuergues h. — 45. queiran h.
47. ualer h. — 49. A h.
50. guizas C. guias h. — 51. quans h. — 53. no h.

V.

Gr. 323, 1.

Das Gedicht steht in den Handschriften A 9, B 34, C 28, D 1, E 47, J 1, K 1, N 254, Q 82, R 9, T 153, a 61, und D^c, welche letztere ich nicht benutzen konnte.

Für die Gruppirung bieten sich vor allem die Abweichungen in v. 13, durch welche I. ABDEJKNT von II. CQRa als zusammengehörig geschieden werden. Weniger Gewicht hat v. 35. Bestätigt wird diese Scheidung durch den Umstand, dass CQRa das Gedicht Guiraut von Bornelh, die anderen Peire d'Alvernhe zuschreiben, während D^c, welches Peire Rogier als Verfasser nennt, nur mit einer Variante im Register von C übereinstimmt.

In Gruppe I dürfen wir auf Grund der Verse 19, 24, 31 ABN und DEJKT einander gegenüberstellen. AB beweisen ihre enge Zusammengehörigkeit durch viele gemeinsame Varianten: v. 8, 9, 13, 19, 24, 34, 52, 56. V. 13 räumt T Sonderstellung gegenüber DEJK ein (und T steht hier bemerkenswerther Weise dem Ursprünglichen näher als ABN).

DJK haben gemeinsame Abweichungen v. 15, 48; JK in 8, 12, 29, 40, 42.

Unklarer ist das Verhältniss in Gruppe II. Mehrmals trennen sich QRa durch gemeinsame Fehler von C: v. 12, 25 (*no*), 56 (*viron* in R ist doch mit *vi ren* gleichen Ursprungs). Andrerseits treten sich Qa und CR gegenüber: v. 8, 15.

Erwähnt ist bereits, wie sich die Handschriften auch in Angabe des Autors in die gleichen Hauptgruppen theilen. D^c ist ohne Gewicht; dagegen haben Guiraut de Bornelh und Peire d'Alvernhe gleich begründete Ansprüche auf die Urheberschaft, und es wird nicht leicht sein zwischen ihnen zu entscheiden, denn die Tornada, die uns am ersten Auskunft zu geben pflegt, fehlt. In Form und Inhalt hat das Gedicht kaum etwas, was einem der beiden Dichter eigenthümlich wäre oder der Gewohnheit eines widerspräche. Beiden ist das Suchen nach schweren Reimen gemein.

Ein Gedicht von gleicher Form ist mir nicht bekannt, aber es bestehen offenbar Beziehungen zwischen unserem Liede und einem Alegret's: *Ara pareisson l'arbre sec.* In der Form gemeinsam ist ihnen Anwendung des Refrains in der ersten Zeile, und zwar wählte

Alegret das dem *vert* entgegengesetzte *sec*, dem er ähnlich seine moralischen Betrachtungen anknüpft, wie der Dichter unseres Liedes an *vert*. Nicht zufällig ist wohl auch, dass der Reim *-ec* aus unserem Gedicht bei Alegret wiederkehrt und man darf ausserdem den Reim *-uma* bei ihm mit hier *-ima* vergleichen.

Gedruckt ist das Lied nach J Ged. 1, nach C ib. 812, nach E 813, nach A Arch. 51,2.

Abans que·l blanc pueg sion uert,
ni ueiam flor en la sima,
quan l'auzel son de chantar nec,
q'us contra·l freg non s'esperta,
adoncs uuelh nouelhs motz lassar
d'un uers, qu'entendan li melhor,
que·l bes entre·ls bos creis e par.

Per so·m plai qu'en lo temps no uert
mostre·s uers de razon prima
als ualens, cui sabers cossec,
quar esta gens mal aperta
non sabon ren, que·is uol leuar,
que sens per nulh doctrinador
ses bon cor no pot melhurar.

Dins es poirida e sembla uert
un'auols gens, que blastima

In N sind die Initialen der Strophen nicht ausgefüllt.

1. q̄ pueg blanc R. — blanc *f.* T. — puois T. — sia Q. — 2. ueian D. veia R. — elasima T. — 3. liausel T. — del Q. — derhantar (?) a. — net N a. — 4. Cū Q. — c.] plus contra a. — fret Q. — sesperra N. sisporta T. — 5. nouelh C. cortes R. — laissar Da. lasdar Q. — 6. quemtendan N. q̄ntēdō R. qentendam a. — 7. Queils JK. — ben DN. — pros E. — Cels bens etrels bens T.

8. Per som plai quan uei lo temps uert AB. Persom plagra quen lo temps uert CR. Persom plaz (plai E) temps qan lo pre (l. p. *f.* E) non uei uert DE. Persom (Init. *f.* J) plai (pląis T) quan lo (qanl T) temps non uei uert JKT. Persom (.er son N) plai (par a) cant lo temps nō uert NQa. — 9. Mostrar AB. mostreis T. — 10. saber QT. — conset N. — 11. estat a. — gen NR. gent Q. — 12. sap sol QRa. — res NR. — qe Qa. quieu T. — uogl T. — leual JK. — 13. Qui DEJKT. — sen E. — n.] mil Q. bō R. — n. d.] mot dun amador AB. mot duet amador (bamador (?) D. hamador N) DEJKN. nul drutç trinador T. — 14. nom N. — meilbarar T.

15. Denç T. — poirit R. — e *f.* Qa. — semblam DE. semblan JK. semblāt Q. seblam T. semblau a. — auert DJK uertz R. — 16. auol QR. aol T. — gē R. — blastuma E. —

tot so qu'anc dreitura amec;
  e pus negus no s'acerta;
dieus, quant pot hom en els blasmar,
qu'anc no i agron l'artelh menor
manht home, a cui augh pretz dar.

Nuls hom del mon non a pretz uert,
  quan uol daurar e pueys lima,
per qu'es fols sel que·s n'aüzec,
  pos ue que bes no i reuerta;
qu'a la cocha pot hom proar
amic de boca ses amor,
mas don no ues, non esperar.

Qui anc ui fresc iouen ni uert,
  ar es mortz per gent cayma,
que cuja far tot lo mon sec,
  qu'ieu non uey fol ni mamberta,
q'us non fassa sofren son par;
per so frutz torna en peior:
dous semblan ab sabor d'amar.

Ben sap far paisser herba uert
  femna, que·l marit encrima
per son auol fag tener nec;

---

17. Qot Q. To a — so *f.* E. — amet R. — 18. po Q. — negun a. — 19. De AB. Des N. — q] cant qeis AB. cō R. — hom *f.* ABJN. — els] lieis E. — 20. Quan C. — non R. — agren C. — larceill D. larceil (?) Q. — 21. om a. — aut Q. aues a. — prezar E.'

22. Init. *f.* J. — N. homs non pot auer p. u. R. — 23. Qui R. — 24. Perqu'es] E fo DEJKT. — fols *f.* a. — sels C. aicel DEJK. icell T. — qeis nazec AB. que (qui C) si assec CRa. qe ço percec Q. — 25. uei E. — quē T. — ben E. res R. be a. — no Q. non Ra. — reuerra a. — 26. Ga a. — cocia T. coua a. — ohm T. — 27. boeta (?) T. — sos K. — 28. ı. no *f.* T. — ue N. — espera T.

29. Quanc JK. — vi anc R. — f. ni i. ni u. a. — 30. mort Ea. moriç N. moç Q. — caina DQ. canina E. — 31. Qi DJKTa. — cuian DJK. cuion E. cugian T. — 32. noi C. — fuelh R. — mainberta ABRa. manberta DJKNT. — 33. Cum D. Cun EJKT. Cui QRa. — 34. Perquel AB. Pero Q. Perol R. Person T. — enfrus E. fruich Q. frug R. — tornar E. *f.* T. — 35. Donc (?) a Dos R. — semblans R. - ab] en C. a a. — E (El AB) doutz (dols T) semblan (seblant T) sabor (sabors JK) damar (damor D) ABDEJKT. — E dous semblan ab s. d'a. N.

36. JK beginnen hier kein Alinea. — s. f.] li fay R. — passer Q. — 37. q̄ R — 38. a. f.] viol fai a. —

d'aqui nays la gens dezerta
de pretz, q'us no·n auza parlar
mas: de mal frug mala sabor;
e·lh filh non uolon sordeiar.

Aissi naisson sec e non uert,
q'us d'enjan non repayma;
ni anc, pos dieus Adam formec,
non tenc tant sa port' uberta
bauzia, qu'en fai manhs intrar;
que lop son tornat li pastor,
qui degron las fedas gardar.

Cobeeza a mort pretz uert,
qu'ensenha·ls baros d'escrima;
e cobezetatz s'abrazec,
un'arsors, que es uberta,
don uezem manht ric abrazar;
pretz cuion traire d'aul labor,
mas anc ses dieu no ui pretz car.

VI.

Gr. 375, 12.

Das sechste der gelegentlich Peire Rogier zugeschriebenen Gedichte anderer Trobadors: *L'adregz solatz e l'auinens companha* ist

---

39. gen NR. gent Q. getç T. — 40. cun JKN. — lauza a. — 41. Ma T. — fruiç Q. — 42. E cil f. a. — u.] uol JK. uol hom T. — forlinhar C. sordellar Q. sordillar a.

43. Init. *f.* J. — naission N. — e *f.* Q. — 44. degian T. — nos R. — repazima E. — 45. dieus *f.* R. — formet DJKTa. — 46. tant *f.* Q. anc R. — sa porid berta N. so port ubuerta T. — 47. quem T. — nainz D. — 48. Qui DJK. Car R. — lops fan tornar R. — pascor R. — 49. Que ABJKNQ. — la Na. — fidas E.

50. Cobedesan Q. — 51. Qensemsals R. — baron Q. — sescrima R. descirma T. — 52. Pois AB. Don CDEJKT. — cobeitatz ABCDEJKT. cobeitat N. cobesetaç Q. cobezeza R. cobezeitatz a. — los abrasec AB. abrasec Qa. abrasset R. — 53. arsons Q. asor R. — que ses C. quezes E. ques N. qes Ra. — cuberta Q. uberna N. — Qe es un ardors coberta AB. — 54. vezom a. — Dō ē u. R. — mains EQ. maintz a. — ricx Ea. riens Q. *f.* R. — abramar D. abrassar E. abaissar Q. abaisar T. — 55. cuidam Q. — trair ABDJKN. triar E. tria T. — dauol ABDEQRa. daol JK. dol T. — laor Q. lauzor a. — 56. fes deus Q. — uim ABE. — pr.] ren Q. re a. — u. p.] uiron R.

erst kürzlich von Herrn von Napolski in seiner Ausgabe des Ponz de Capduoill mit den Lesarten aller drei Handschriften abgedruckt (Leben und Werke des Trobadors Ponz de Capduoill. Halle 1880. 8°. p. 78 ff. 132—33). Ich unterlasse einen Neudruck, da die Abweichungen des Textes nicht zahlreich und meist geringfügiger Natur wären. So hätte ich v. 2 *elh gent parlar* aus CR gegen *el gens parlars* in f aufgenommen; v. 8 mit Rücksicht auf das erst z. 7 stehende *gens*, *mielher* aus Rf gegen *genser* C; v. 17 *Res* aus Cf gegen *Bes* R; v. 33 *Ancar* aus f für *Aqui* aus C; v. 37 *leys* f für *lui* C (die Variante ist nicht angeführt, *leys* steht aber in der Handschrift).

Gleiche Strophenform mit diesem Gedicht hat Joan Esteve's: *Aissi cum selh qu'es vengutz en riqueza*, doch nicht darin, dass die Stellung der Reime in je zwei Strophen vertauscht wird. Bei Joan Esteve bleiben sie an ihrer Stelle. Da die Reime nicht dieselben sind, wäre bei der Einfachheit der Form unnöthig Beziehungen zwischen beiden Liedern anzunehmen, erschienen nicht die Reime bei ihrer Ungleichheit doch verwandt:

Joan Esteve	b: *anh*	Pons:	a: *anha*
	c: *ensa*		d: *ens*
	d: *os*		b: *os*

So wird die Nachdichtung eines Liedes durch das andere immerhin wahrscheinlich.

VII.

Gr. 392, 8.

Das Gedicht wird uns nur von E 188 und T 189 überliefert und zwar in sehr mangelhafter Weise. Die ganz nahe Verwandtschaft beider Handschriften beschränkt zudem die Möglichkeit die Lücken auszufüllen. Ich folge wesentlich E, dessen Orthographie ich auch annehme.

Das Gedicht wird von E Raimbaut de Vaqueiras, von T Peire Rogier zugeschrieben. An Peire Rogier darf nach Form, Styl und Inhalt schwerlich gedacht werden. Diez (L. u. W. p. 292) erkennt denn auch Raimbaut als Verfasser an und hält das Lied mit zwei Stellen aus dessen anderen Dichtungen zusammen, in denen er seiner Unschlüssigkeit oder Abgeneigtheit am Kreuzzug Bonifaz' von Monferrat Theil zu nehmen Ausdruck giebt. Gegen die Abfassung des Gedichts um die Zeit dieses Kreuzzuges aber spricht v. 50: *qu'ieu am mais estar en Fransa.* Vom Jahre 1194 an weilte Raimbaut am Hof von Monferrat (L. u. W. p. 272), also in Italien, und so will denn auch Diez das Lied einer früheren Zeit zuschreiben, als Raimbaut noch in Frankreich war.

Wir haben drei Gedichte mit gleicher Form und gleichen Reimen: Raimon von Miraval No. 14 und 30, und Uc von Mataplana No. 1. Die zwei letztgenannten sind die bekannten Sirventese über die Verstossung Gaudairenca's, der Gattin Raimon's. Die Reihenfolge der drei Gedichte ist jedenfalls die, dass Raimon zuerst die Canzone 14 dichtete, dass Uc diese Form zu seinem Sirventes benutzte, und Raimon wie üblich im gleichen Ton antwortete.

Ist nun die Chronologie in Raimon's provenzalischer Biographie richtig, so müssen diese Lieder gedichtet sein, während Peire König von Aragon war, also 1196—1213, und wir haben dann einen Beweis, dass unser Gedicht (welches als Sirventes der Canzone Raimon's folgt) erst in die Zeit von Raimbaut's Aufenthalt in Monferrat fallen kann. Da wir nun wissen, dass des Dichters Liebesverhältniss mit Beatrix von Monferrat bis zu seinem Aufbruch nach dem Orient andauerte, ist mit Rücksicht auf v. 50 nicht anzunehmen, dass Raimbaut der Verfasser unseres Liedes ist. Wenn zwei einander so nahe stehende Handschriften, wie hier ET, in der Angabe des Dichters abweichen, ist die Glaubwürdigkeit einer jeden nur gering.

Ob das Gedicht, wie Diez annimmt, sich auf eine Kreuzfahrt bezieht, scheint mir fraglich. Der Ton wäre für einen solchen Gegenstand recht leichtfertig und eine Nothwendigkeit zu dieser Beziehung finde ich nicht im Liede, auch nicht in v. 38.

Einen ziemlich vollständigen Abdruck des Gedichts findet man bei Rayn V, 420 und darnach W I, 384.

Ben sai e conosc ueramen
que uers es so que·l uilas di,
que nuils hom, qu'es dins son aizi,
trobe tot so que uai queren;
e s'anc non ac malananza,

---

2. uere soce uilan T. — 3. ques] ce T. — 4. q. u.] cira T. — 5. anc E. cianc T. —

no sap que s'es benestansa;
mas adonx l'es totz sos deleitz doblatz,
quan sap l'aize saluatge,
e n'ama mais tot so dins son estatge.

Mas d'ome·m merauill fortmen,
que sap mals e bes autressi
e sap com ua·l cars al moli,
e pot uiure onradamen,
com pot far tan gran *effansa*
que suefra tal malestansa,
que an per mar; mas als desamparatz,
que non an peins ni gatge,
lais tot aquo e fass' autre uiatge.

Que·ill merme ...... son coçen,
e l'..... d'autrui e de si
a gran regart ser e mati
em-poder d'aigua e de uen,
. . . .
et es tot iorn en balansa
et a·l*s* uestir*s* rouillos e moillatz,
e gens d'auol linhatge
dir-l'aun enueg e faraun li oltratge.

E qui mal tra, e peitz aten;
ia de be no·l fassa hom fi,
ans ha regart per tot aqui
on uai, *no perd'* al ribamen,
e ia no·ill tengron fiansa
ni sagramen ni fermansa,
ans si podon, sera lo sieus panatz;
ges ieu no tenc per sage
ric c'o persec, ans fai doble folatge.

---

6. malestansa E. — 7. tot son deleit doblat E. — 9. dint T. — ostagie T.

10. dome maraugll T. — 11. mall e be T. — 12. couai cares a muli T. — 13. onrada mentç T. — 14. ufana ET. — 15. maiestansa T. — 17. pegnora T.

19. m.] mes E. mermes T. — corren E. — 20. El anar daut ..... de fi E. — ...] lonor T. — 21. m.] ma .. E. — 22. Em ... gua E. En o podor daiga T. — u.] ui T. — 23. *f*. ET. — 25. al uestire E. ai uestir T. — 26. gien T. — 27. Dirlau T. — eueg T. — farali E. — omenatge E.

28. t.] ira E. — 29. noill E. nolg T. — 30. Anseregart serernati T. — 31. *no*] ni ET. — perte E. aperte T. — a T. — 32. tengon T. — 34. li sera ET. — 35. nol T. — 36. Sel E.

Qu'ieu pretz mais iazer nutz e gen
que uestitz iosta peleri,
e mais aigua fresca ab bon ui
. . . .
. . . . que ransa
e mais ioia que pezansa,
e bos maniars e palafres assatz
que bescueitz ab auratge,
e bels ostals mais que port ni ribatge.

Perqu'ieu m'en part, s'anc n'aic talen
de l'anar ni anc m'abeli;
e qui's uol, segua aquest traï
e gard e leuan e ponen,
qu'ieu am mais estar en Fransa,
on ha mais ioi et onransa,
et ab totz uens ieu penrai uas totz *latz*
en luec ferm alberguatge,
e cui plaira, segua aquest uiatge.

---

37. preis T. — 38. uestit T. — 40. 41. bis que ransa *f.* ET. — 42. gioio T. — 43. mangiar T. — palafre aisitç T. — 45. bel ostal T.

46. me E. — nac T. — 48. trag E. — 52. Cab (?) T. — *latz f.* ET. — 53. f. et a. E.

Anmerkungen.

I.

v. **11.** Die Verschiedenheit der Zahlenangabe in den Handschriften erklärt sich leicht durch Verlesen der römischen Ziffer.

v. **31.** Vielleicht hat sich der Dichter des Hiatus escriure en nicht schuldig gemacht, sondern escriur'en uns brieus gesagt, wie T en un schreibt. Wie man unas letras gebrauchte, konnte man leicht den Plural uns brieus bilden, wie denn auch afrz. li brief ven éinem Brief gesagt wurde.

v. **33.** endomengers in L. Raynouard kennt nur das in T stehende domengers und andrerseits endomenjat.

v. **37.** ch gilt in L für chz s. v. 3 maltraich, v. 53 franch.

v. **39.** en brieus wohl wie a longas, de primas, s. Diez Gram. II[4], p. 463, 464.

v. **48.** Das muor uos autres tieus der Handschrift ist mir unverständlich.

v. **54.** Die Handschrift hat uej. Dem Verse fehlt eine Sylbe. Die Grammatik verlangt den Conjunctiv von vezer; nur kann seine Einführung dadurch Bedenken erregen, dass dann das Cäsurgesetz in nicht ganz gewöhnlicher Weise verletzt wird. Beispiele der Cäsur nach unbetonter fünfter Sylbe unter Verkürzung des zweiten Verstheiles um eine Sylbe findet man fürs Afrz. bei Tobler, Versbau p. 73, fürs Prov. bei Bartsch, Peire Vidal p. LXXII—III und Napolski, Ponz de Capduoill p. 33.

II.

v. **6.** sobransaria ist nicht Prädikat zu sia, sondern der Inhalt des v. 1—4 ausgesprochenen Wunsches ist das Subject nach dessen Existenz gefragt wird.

v. **8.** sé amendicar „sich zum Bettler machen" fehlt bei Raynouard.

v. **11.** lo als Nominativ belegt Bartsch in der Chrestomathie.

v. 26. cambicx setzt ein Verbum cambigar voraus. Wollte man die Form von cambiare ableiten, so müsste man also Analogiebildung, etwa nach chasticx annehmen. Aber auch die Bedeutung von cambiare will hier nicht besonders passen; sie brächte zum Inhalt des vorigen Verses Neues nicht hinzu. Peire d'Alvernhe 15,6 (W. I, p. 94) steht das ähnlich aussehende camicx, wie es scheint, etwa im Sinn von „tadeln". Diese dem chastics in M entsprechende Bedeutung würde hier ganz wohl angebracht sein. Doch ist das camicx dort selbst noch nicht gesichert. Die Handschrift V liest caniçics, vielleicht kommt das cançics increpatio der Reimverzeichnisse (Stengel 51,9) hier wieder zum Vorschein.

v. 50. ten uia oder t'enuia?

III.

v. 5—6. Ich ändere die Stellung, die Raynouard den Worten dieser Zeilen gegeben hat; vos darf nicht zweimal in derselben Strophe Reimwort sein. Die Trennung des Substantivs von der zugehörigen attributiven Bestimmung mit de ist provenzalisch häufig. Beispiele s. Stimming Bertran de Born Anmkg zu 42, 18. Mit Berufung auf die freie Handhabung der Cäsur in unserem Gedicht und unter Hinweis auf v. 13 könnte man aber auch schreiben: dels companhos De midons plus que negus.

v. 16. tracios, die Lesart der meisten Handschriften, ist v. 28 Reimwort; ich nehme daher mespreyzos aus C[3] auf, wenngleich auch R tracios hat. R steht übrigens aus der anderen Gruppe E mit mespreyzos gegenüber.

v. 17. Die in beiden anderen Gruppen stehende Lesart *los quaranta perdos* (resp. lo carantal), welche vielleicht aufzunehmen ist, zeigt den Artikel in einer selteneren Verwendung. Raimbaut de Vaqueiras 6,2: E s'intre *las* mil cansos, Domna, i puesc endeuenir En un bo mot o en dos Quem uoillatz sol obezir. Vgl. Dante Parad. 16, 72: molte volte taglia Più e meglio una che *le* cinque spade. Der Artikel dient hier die Zahl als die im gegebenen Fall höchste denkbare und als solche bekannte zu bezeichnen; Inferno 25, 33 ist es die niedrigste denkbare Zahl, welche in gleicher Weise den Artikel erhält.

v. 19. 20. Die Wendung kommt öfters vor: Bernart von Ventadorn 23,4: Una falsa deschauzida ... *cuelh lo ram ab que's fier.* Ders. 42,5: E ia non er qu'ieu eys *lo ram no cuelha*, *Que·m* bat e·m *fier*. Peire Vidal 36,6: Be·m bat amors ab *las uergas qu'ieu cuelh.*

IV.

v. 1. Vergl. Bertran Carbonel 70: On hom a mais d'entendemen E pus ual, mais se deu gardar C'om non lo puesca encolpar Ni dir qu'el fassa falhimen. s. auch oben No. 8 v. 17.

v. 7. Bertran Carbonel 54: per deuer eyssamen Li fol deuon far folor E dir, co·l ualen ualor.

v. **24.** talen „Willkür, Wollen ohne Rücksicht auf Vernunft" steht sen gegenüber. Aimeric de Pegulhan 50,2: E non es bon c'om sia trop senatz, Que a sazos non sega son *talen*. Bertran Carbonel 83: Car fin'amors non obra segon sen En nulha ren tan com segon *talen*.

Für den Inhalt der Verse 24—28 vergl. B. Gr. 461, 130: Et a per pauc no lo blasme a deu, Car il dona manentia ni fieu Ad aul home ni a desconoisen, Que sofrainha al bon ni al ualen.

v. **37 ff.** Eine ähnliche Namensspielerei findet sich bei Guillem im fünften Gedicht mit Pro-ensa und Falhensa.

v. **50.** Ist na Guiza „Frau Guise" oder na Gujas „Herr Guienner" zu lesen?

V.

v. **4.** -ert und -erta sind nicht eigentlich verwandte Reime, denn in jenem ist e geschlossen, in diesem offen.

v. **24.** Das Verbum aüzar steht nicht bei Raynouard (wohl aber ein Subst. adusari), doch ist das afrz. aüser wohlbekannt.

v. **30.** Caym ist die gewöhnliche Form des Namens, s. Arnaut Daniel 6,5; Guillem Rainol d'At 3,3; Peire Cardenal 65, Raimbaut de Vaqueiras 5,5 etc.; aber Marcabrun 35,5 reimt ihn auch auf i, lässt ihn also auf bewegliches n ausgehen.

v. **31.** sec ist caecus, nicht siccus.

v. **32.** mamberta oder mainberta. Eine zweite Belegstelle für dieses Wort verdanke ich Prof. Tobler. Es ist Daude de Pradas, Vertutz cardenals 872: E qui razo per beure pert, Malastruch sembla e maynbert.

v. **44.** repayma ist mir nur von dieser Stelle her bekannt.

v. **52.** cobezetatz findet sich nicht bei Raynouard, es steht auch nur in den Hdss. Qa; der Vers verlangt aber eine viersylbige Form an Stelle des dreisylbigen cobeitatz.

v. **53.** uberta. Es ist nicht wahrscheinlich, dass hier dasselbe uberta im Reime steht, welches wir erst v. 46 gehabt haben, auch würde der Dichter das Wort schwerlich von einer Gluth gebrauchen können; aber auch cuberta aus ABQ ist nicht anzunehmen, erstens des Handschriftenverhältnisses wegen, zweitens weil der Dichter dann nicht wohl fortfahren könnte don uezem.

VII.

v. **31.** ribamen fehlt bei Raynouard, aber ribar ist belegt.

v. **32.** tengron = tengran.

Inhalt.

Kolibri 360 GmbH
Ferdinand-Jühlke-Straße 7
99095 Erfurt, Deutschland
produktsicherheit@kolibri360.de